AF356406

LA GELÉE & L'OÏDIUM.

AVANT-PROPOS.

Comme, ordinairement, toute chose doit avoir une raison d'être, au moins si l'on tient à être rationnel, je me vois obligé de dire pourquoi j'écris ces leçons familières, moi qui ne suis pas *viticulteur*, mais chimiste, et qui n'ai été tout au plus qu'un peu *vigneron* à une autre époque... C'est ce que je vais essayer de faire.

Qu'on me permette cependant de présenter auparavant quelques observations générales, un tant soit peu saugrenues peut-être en apparence, mais qui me semblent assez sérieuses pour mériter l'attention des praticiens.

Il n'y a pas fort longtemps qu'une manie curieuse s'est emparée des esprits au point de faire tout

bouleverser dans le langage comme dans beaucoup
d'autres choses... Le cultivateur s'appelle agricul-
teur, le vigneron tranche du viticulteur, le jouven-
ceau de vingt ans, sans profession, rédige des an-
nales sur l'art sublime des champs et s'intitule
agronome, de la même façon qu'un grand nombre
de gens, fort recommandables d'ailleurs, se per-
mettent de parler des champs, des vignes, des bois,
des prés, du bétail, sans en avoir fait une étude
suffisante au double point de vue de la pratique et
de la théorie...

Une vingtaine de phrases sonores, prises dans
un livre ou glanées dans un journal, débitées ensuite avec plus ou moins d'assurance dans une
réunion spéciale, dans un comice, etc., créent une
réputation improvisée, et tel n'était hier qu'un bon
bourgeois, un paisible rentier, un propriétaire inof-
fensif, qui se réveillera demain avec la conviction
qu'il est passé maître dans le métier agricole et
qu'il s'entend mieux que personne au *mesnage-
ment de la terre*. Après avoir parodié le mot cé-
lèbre : Anch'io son pittore ! il entendra mieux qu'un
maraîcher la culture des asperges et des laitues, il
en remontrera au père Noé sur celle de la vigne, et
il se persuadera que la plus difficile des sciences,
celle qui les embrasse toutes, est venue se loger
dans son cerveau, sous l'influence magique de quel-

que fée champêtre ou de quelque nouveau *médium*.

Il ne faut pas plaisanter à ce sujet, parce que c'est chose plus triste encore que ridicule, et que, dans ce travers, on doit voir l'un des éléments de la décadence de notre agriculture française.

Cette affirmation ne me serait pas difficile à démontrer si je voulais m'en donner la peine, et si je n'avais mieux à faire que de perdre le temps du lecteur et le mien. Mon opinion est, du reste, assez connue à cet égard, et j'ai assez insisté près des cultivateurs praticiens sur la nécessité d'allier la pratique à la théorie, et surtout de se méfier avant tout et toujours des agriculteurs en fauteuil, des gens à phrases qui connaissent la *Maison Rustique* sur le bout du doigt, mais qui seraient fort embarrassés et fort empêchés pour se servir d'une charrue, d'une bêche ou d'une pioche, ou pour soigner le bétail, cette base de toute bonne agriculture.

On sait aussi que, dans ces matières, si je me laisse entraîner par une passion, c'est par la passion de la vérité et la haine du mensonge, et la faveur dont le public m'a honoré jusqu'à présent m'a démontré que la masse, en France, cherche sérieusement le vrai dans les questions culturales. Je n'ai donc pas à m'étendre sur ces faits, mais il était de mon devoir de les signaler à l'observation, avant d'entrer dans le sujet qui me préoccupe aujourd'hui.

Le fléau qui vient de s'abattre sur le vignoble français représente, à mes yeux, une calamité publique ; je suis très loin de l'avis des personnes fort habiles qui n'y voient qu'une question de taille, et j'imagine que ce serait rendre un grand service que d'étudier complètement les phénomènes précurseurs de ce qu'on appelle la gelée de la vigne, d'en élucider les causes, les circonstances et les effets, pour, une autre année, prévenir un irréparable désastre.

Voilà quel est mon véritable but dans l'étude que je cherche à faire de la gelée de la vigne, étude assez complexe d'ailleurs pour qu'elle mérite mieux que des discussions personnelles.

Ai-je besoin pour cela de posséder des vignes sur *palus* ou sur *grave*, d'être initié aux dénominations toutes locales de Pousse-en-l'air, de Malbec, de Merlot, de Cabernet-Sauvignon, etc ?... Je ne le pense pas, car pourvu que mes observations soient justes et conformes aux faits, pourvu que j'indique avec exactitude ce qu'est le mal, d'où il vient, comment on peut le prévenir une autre fois, quels sont les moyens d'en atténuer aujourd'hui les effets, c'est tout ce que je puis faire de mieux, le reste n'étant plus que de l'accessoire.

Au demeurant, cette question de la gelée ne peut être abordée que si l'on soulève les points les plus graves de la physique appliquée et de la physiologie végétale, car il n'est pas possible de combattre un mal que l'on ne connait pas dans son essence et surtout dans ses causes. D'autre part, la connaissance précise, anatomo-physiologique de la vigne, est indispensable à acquérir, car il est évident pour tout le monde que le froid ne peut agir de la même manière sur une liane sarmenteuse et sur une plante tubéreuse ou herbacée.

Je crois que l'étude de ces faits mérite au plus haut degré d'exciter la sympathie et l'attention du public, dans un pays de production vinicole, dont les produits diminuent d'année en année, sous l'empire des plus fàcheuses circonstances.

La question de l'Oïdium appartient au domaine de l'histoire naturelle, il est vrai, dans un sens; mais sous les autres rapports, elle exige des connaissances spéciales en chimie et en physiologie, si l'on veut l'entourer de quelque lumière. Or, il est fort regrettable que les hommes qui se sont occupés de ce terrible parasite n'aient pas abordé nettement et franchement les difficultés de son étude, et qu'ils aient été entraînés à ne se préoccuper que de leurs méthodes particulières de traitement et de la forme à donner à leurs soufflets et autres instruments de soufrage. Ici, comme dans une autre idée bien connue, on a dit : Prenez mon camphre ! Achetez

mes soufflets, ils valent mieux que ceux des autres!
Prenez mon soufre; il est d'une marque supérieure!... La quatrième page des journaux offre le
soufre sous toutes les formes et il faut qu'un vigneron ou un propriétaire de vignes soit bien maladroit,
bien aveugle ou bien insouciant pour ne pas y découvrir le véritable bon soufre, le seul produit bon
et pur, infaillible contre le champignon dévastateur.

Je ne suis pas un partisan du soufrage, au moins
comme on l'entend, et, peut-être, les personnes qui
s'occupent de la vigne me sauront elles gré d'avoir
abordé l'examen de toutes ces questions, qui présentent un intérêt incontestable. Je n'ai rien à
vendre, je n'offre au public que des idées, des
observations et des faits, dont j'espère qu'il résultera quelques applications utiles.

N. BASSET.

Bordeaux, 18 mai 1861.

LA GELÉE ET L'OÏDIUM.

Première Leçon.

SOMMAIRE. — *De la gelée du 6 mai 1861. — Examen de quelques discussions. — Des causes physiques de la gelée. — Effets du froid sur les êtres vivants et, en particulier, sur la vigne. — Des gelées tardives et des gelées apparentes. — Moyens préventifs contre la gelée. — Inutilité de la taille. — Résumé pratique.*

Après une trop longue série de mauvaises récoltes dont on avait à accuser les intempéries, l'oïdium, et il faut bien le dire en passant, la manière barbare dont la vigne est cultivée souvent, on avait conçu de magnifiques espérances pour l'année dans laquelle nous sommes entrés : un hiver à peu près normal, suivi d'un printemps chaud et précoce, une végétation luxuriante et l'apparition de grappes nombreuses étaient les signes précurseurs d'une riche vendange. On allait enfin pouvoir se reposer des indignes mélanges par lesquels le vin est si fréquemment remplacé, et le *vrai vin*, de bonne qualité, pourrait bien ne pas être d'un prix inabordable.

Tout le monde avait à gagner à cela, le pauvre aussi bien que le riche, le producteur comme le simple consommateur, l'Etat comme les particuliers, et des spéculateurs nombreux accaparaient déjà les futailles dont le prix était à la hausse !

La nouvelle d'un désastre inouï, ou du moins fort rarement indiqué dans l'histoire de la vigne, anéantit aujourd'hui ces espérances, et quelques heures ont suffi pour ruiner les projets que l'on avait formés. C'est par l'étude de ce fait qu'il convient de commencer cette première leçon que je consacrerai tout entière à l'examen des circonstances relatives à la gelée des plantes en général et de la vigne en particulier.

De la gelée du 6 mai 1861. — Avant de rappeler en détail les principes d'après lesquels on doit juger, si l'on tient à se faire une opinion raisonnable et à pénétrer jusqu'au fond des choses, je vais faire l'exposé rapide, mais vrai, de ce qui est arrivé dans la plus grande partie du vignoble.

Et d'abord, qu'on me permette de le dire nettement : la vigne n'a pas été détruite par le froid, *elle n'a pas été* GELÉE, *mais* BRULÉE !

Je sais bien que l'on va se récrier et que, suivant l'usage, on va m'accuser avant d'avoir réfléchi. Je ne puis cependant farder ni déguiser la vérité, pour le plaisir d'être agréable à quelques-unes de ces personnalités dont les habitudes sont trop affirmatives. Je ne puis faire que ce qui est ne soit pas, et si je ne dis pas ce que je pense, je fais une mauvaise action en écrivant ces lignes, car j'écris pour écrire et non plus pour être utile. Or, que peut importer aux vignerons, aux gens de pratique, la manière de voir de ceux qui affirment sans preuve et veulent qu'on s'en rapporte à leur infaillibilité ? Je ne veux pas procéder ainsi.

Je répète et je prouverai que fort peu de vignes ont été réellement gelées, que le désastre doit être attribué à une tout autre cause dans la plupart des contrées atteintes, et que l'opinion des gens qui croient à la gelée est nuisible, en ce sens qu'elle ne permet pas de prendre une autre fois des mesures prévoyantes et salutaires.

On ne prévient pas le froid par les mêmes précautions que l'on oppose à la brûlure ; cela est clair et évident pour tout le monde.

Au point de vue cependant de la vérité physiologique, les effets du froid, de la gelée, sont les mêmes que ceux de la brûlure sur les corps vivants... Un organe gelé subit la même décomposition que s'il était brûlé, l'élimination des parties atteintes se fait de la même manière, et j'ajoute que la réparation présente exactement les mêmes phases.

Je ne parle pas pour le vain plaisir d'émettre une opinion, je cherche consciencieusement la vérité et je trouve qu'il est impossible d'attribuer la perte de la vigne à la gelée, parce que cela est absolument démenti par les faits.

Voici ce que tout le monde a pu observer aussi nettement que moi.

Les premiers effets du printemps, à l'encontre de ce qui se passe d'habitude, ont eu pour résultat d'échauffer et de dessécher rapidement la couche superficielle du sol, tandis que la couche profonde était restée humide et mouillasse, que l'atmosphère avait conservé une température assez basse...

Il en est naturellement et simplement résulté ce fait que le sol, échauffé par une chaleur solaire relativement intense, produisait, pendant la nuit, des vapeurs abondantes, que la *fraîcheur* atmosphérique condensait en brouillard et même en rosée ; mais ce phénomène remarquable n'a pas présenté partout les mêmes caractères. Dans les endroits bas, dans les sols argileux d'alluvion, dans toutes les terres à sous-sol imperméable, on devait s'attendre à une plus grande abondance de ces vapeurs, et le fait a tellement justifié cette prévision que, de grand matin, il était facile de deviner quels étaient les endroits dont le fond était de cette nature, à la vue des vapeurs épaisses qui s'en exhalaient aux premiers rayons du jour.

Les sols de grave de toute espèce produisaient, à la vérité, moins de ces vapeurs, mais elles étaient assez abondantes partout où le sous-sol n'avait pas été échauffé à une suffisante profondeur. Dans le cas d'échauffement convenable, on conçoit que la rosée devait être moins apparente, puisque la couche superficielle, devenue aride, absorbait au passage, en tout ou en partie, les vapeurs produites.

J'ai vu des prairies dont le fond est de nature variable, offrir d'assez vastes espaces où l'on n'apercevait que très peu de brouillard, tandis que, de loin en loin, on découvrait des endroits isolés, des ilots, couverts par une nappe épaisse de vapeurs blanchâtres.

On conçoit que, si la température atmosphérique descendait au-dessous de la congélation de l'eau, ces vapeurs condensées pouvaient se prendre en glace ; mais, dans ce cas même, elles ne pouvaient détruire les bourgeons que sous l'influence d'une froidure considérable, ou sous l'action directe d'un vent desséchant, ou encore, sous l'influence plus pernicieuse des rayons du soleil. Or, nulle part, on n'a constaté que ces vapeurs fussent passées à l'état de glace; la température n'a été au-dessous de 1º à 1º 5 que dans des endroits très limités; le vent du Nord-Est, auquel on a attribué tout le mal, ne peut pas être mis en cause, puisque des pentes, des plateaux exposés à son action, ont été préservés, tandis que d'autres, bien abrités, n'ont pas conservé un seul bourgeon.

Les vignerons ne disent pas que leur vigne a été *gelée;* ils disent qu'elle a été *grillée !*

Or, le 6 mai, de très grand matin, l'humidité de la nuit, le brouillard dont j'ai parlé couvrait les feuilles et les pampres; rien n'était attaqué... Une demi-heure après le lever du soleil, le mal était déjà grand; à neuf heures, il avait pris d'effrayantes proportions, et, vers midi, des pièces de vigne qui offraient la veille les plus belles apparences, ne présentaient plus que l'image de la mort, que l'aspect hivernal de décembre.

J'ai observé de mes yeux les circonstances suivantes :

1º Les jeunes vignes, très rapprochées de terre, ont été plus frappées dans certains sols, moins dans certains autres;

2º Les vignes hautes, les treilles et ceps dont le feuillage était éloigné de terre, ont été le plus souvent à l'abri de la destruction;

3º Les vignes et portions de vignes abritées contre

l'exposition de l'Est, ont moins souffert que les autres ;

4° Il en est de même partout ou les rayons solaires n'ont atteint la vigne qu'à une heure un peu tardive, après l'*évaporation lente* des gouttelettes humides déposées par le brouillard.

5° Des vignes, abritées de *côtés très divers*, ont été atteintes ou préservées, ce qui prouve contre les opinions systématiques exprimées.

6° Dans le *même cep*, le bourgeon du milieu a été souvent atteint, quoique les bourgeons extérieurs aient été préservés.

7° Le contraire est arrivé, mais plus rarement.

8° Dans une même contrée, d'un même niveau apparent, avec les mêmes abris, une vigne a été prise et la voisine épargnée.

9° Les vignes dont la terre avait été façonnée depuis peu ont, en général, beaucoup souffert.

10° Les vignes, dans lesquelles les herbes étaient abondantes, ont été plus souvent préservées : cependant il y a des exceptions notables à ce fait.

Je me bornerai à ces observations générales et j'en tire la conclusion suivante :

« Les conditions nécessaires pour la gelée n'ayant pas été réalisées, le vignoble ayant été frappé aussi bien dans les endroits exposés à un vent desséchant de N.-E. que dans les lieux abrités contre son action, il ne reste plus à invoquer comme cause de la ruine des vignes que l'action du soleil sur les gouttelettes de vapeur condensée, soit de brouillard ou de rosée, action qui est presque toujours mortelle, puisqu'elle fait l'office du *miroir ardent.* »

Il pourrait encore se faire que les trois causes, ou deux d'entr'elles se fussent combinées pour produire les effets constatés, mais cela ne me parait guère probable dans l'espèce, et je me propose de le faire voir ultérieurement.

J'ajoute que, dans les circonstances où l'on a été placé au printemps de cette année 1861, *on pouvait et l'on devait prévoir cette catastrophe, qu'il y avait à prendre des mesures pratiques pour la prévenir,* et je ne conçois pas que l'on se soit borné à se plaindre au lendemain du mal, lorsque la veille encore, quelques jours auparavant peut-être, *on se vantait* des plus belles espérances sans rien faire pour en assurer la réalisation. Je me propose de traiter ces quelques idées tout au long dans la seconde partie de cette leçon, mais je ne puis m'empêcher de rapporter ici une phrase que j'ai entendue avant la date du 6 mai, parce qu'elle indique le peu de fonds que l'on doit faire sur la réflexion humaine, lorsqu'elle n'est pas guidée par la raison et l'expérience. Quelqu'un garantissait une bonne récolte, pour le cas où l'on n'aurait pas à redouter les atteintes de trop fameux oïdium.

« *Nous aurons toujours le soufre contre l'Oïdium,* répondit un des auditeurs ! »

Je crus de bonne foi que l'auteur de la réponse devait avoir à placer du soufre à plusieurs marques, et je ne pus m'empêcher de faire observer que le soufre paraissait n'avoir de la valeur que selon la forme du soufflet employé, si l'on en jugeait par les discussions et les écrits des partisans du soufrage. J'ajoutai qu'il en avait été ainsi lors du débat entre le sécateur et la serpette, que l'emploi de l'un ou de l'autre ne prouvait rien en faveur de la taille ni contre cette opération. Le soufrage bien fait *peut* être utile, comme la taille bien pratiquée est une opération qui *peut* devenir avantageuse, mais il conviendrait de savoir, au préalable, quand et comment on doit tailler ou soufrer, et quand on doit s'abstenir.

Je ne m'attendais pas à voir la même aberration d'esprit se reproduire quelques jours après au sujet de la vigne... J'étais loin de prévoir que, dans un pays comme le nôtre, dans une ville qui compte beaucoup d'hommes sérieux et instruits, tout le remède à une situation critique consisterait dans la solution de cette question subsidiaire : Comment doit-on tailler ? J'avais espéré qu'on éluciderait pratiquement et théoriquement la question préalable de ce qu'il y avait à faire immédiatement et plus tard, avant de s'occuper du mode de faire en tant que méthode d'opération ; mais je m'étais évidemment trompé, ainsi que je vais le faire voir dans l'examen des discussions qui ont eu lieu.

J'étudierai ensuite le fond même de la question, et je chercherai à mettre en lumière les points de science et de pratique dont la connaissance importe aux personnes qui s'occupent de la vigne, en tant qu'ils se rattachent à l'action du froid sur cette plante précieuse.

Examen de quelques discussions. — On comprend aisément qu'en présence d'une aussi cruelle catastrophe, toute la population viticole, en émoi, ait cherché à trouver un moyen de pallier les effets de la gelée en ce qui touche la récolte de 1861, et principalement au point de vue des récoltes à venir. La nuit du 6 mai n'avait pas seulement apporté la ruine actuelle ; ses conséquences pouvaient atteindre des espérances légitimes pendant plusieurs années, et il fallait songer à mettre une digue tardive à ses ravages futurs, puisque l'on n'avait pas su la prévoir pour le présent.

C'est dans le Bordelais, ce roi de nos vignobles, et à Bordeaux surtout, que l'on a pu remarquer la plus grande agitation posthume, et les observateurs attentifs auront pu saisir des faits intéressants, dont le moindre peut être regardé comme un exemple instructif. Les sociétés agricoles et les journaux s'emparant avec raison du droit d'initiative, des discussions se sont ouvertes en maints endroits, et il est bon que l'on sache partout quels en ont été les résultats.

Il ne faut pas que de telles leçons puissent être perdues, et d'aussi chères expériences doivent porter leurs fruits parmi tous ceux qui s'occupent de la vigne.

Voici donc les principaux faits :

Le journal *la Gironde*, faisant appel à l'expérience des viticulteurs et des vignerons, leur pose le premier les deux questions suivantes, qui peuvent se ramener à une seule, si l'on veut :

« Les vignes étant *complètement* gelées, doit-on les retailler de nouveau, en ne laissant qu'*un œil*, avec l'intention de concentrer l'ascension de la sève sur une seule pousse ?

» La perte de la sève, qui résultera de la plaie qu'on aura faite à la vigne, ne pourrait-elle pas avoir de fâcheux résultats ? »

Vous voyez qu'il s'agit ici des vignes tout à fait gelées, que l'on consulte les praticiens sur la valeur de la taille à un œil et sur l'inconvénient possible causé par la perte de la sève ; l'idée est claire,

nette, précise, et l'on peut y répondre sans amba-
ges. Il est évident que la feuille bordelaise ouvre
hospitalièrement ses colonnes à une discussion
écrite, dont, au préalable, elle pose les termes et
conditions.

Vous pouvez comprendre à l'avance qu'une discussion de ce genre ne devait pas rester dans des
limites aussi bien définies, puisque vous savez que
le propre des discussions est toujours d'embrouiller,
d'enchevêtrer ce qu'elles touchent ; mais les détails
sont bons, et il est urgent de les suivre pas à pas, si
l'on veut en résumer les conséquences applicables.

M. Estienne, de Blaye, répond par un livre de
cinq lignes, ce qui est bien rare aujourd'hui, d'autant plus rare que son opinion joint au mérite de
l'expression, celui de la conformité à la raison et
aux faits d'observation.

« Quant à la question de savoir *si*, la vigne étant
gelée, *on doit opérer immédiatement une nouvelle
taille*, JE CROIS, dit-il, QU'IL FAUT S'EN ABSTENIR.
*La sève ne se répandra pas dans les pousses dé-
truites ; il vaut mieux* laisser croître les rares bourgeons épargnés, et *s'abstenir de toute suppression
de bois*, au moins *jusqu'à la fin de juin*. »

Il y a là, je le répète, tout un livre en cinq lignes,
et un bon livre, ce qui n'est pas tant à dédaigner,
et je suis sûr que, si M. Estienne avait voulu

donner les raisons d'une opinion aussi concise, on aurait pu y trouver cet esprit remarquable et cette logique vigoureuse des vrais observateurs.

M. Saugeon, de La Tresne, s'éloigne cependant, d'une manière absolue, de l'avis de M. Estienne... Je reproduis ici sa lettre du 9 mai, et je la fais suivre de quelques remarques :

« La presse donne souvent avec trop peu de précision les renseignements agricoles dont l'exactitude importe au producteur comme au consommateur. Il serait bien, je crois, de transmettre *parfois* aux journaux des appréciations qui seraient plus justes parce qu'elles se borneraient à une seule localité. C'est ce que je vais essayer, au sujet de la gelée du 6, pour la commune de La Tresne.

» Le territoire de cette commune se compose d'une belle plaine ou *palus* entre le coteau et la Garonne, d'un vallon assez large ouvert de l'est à l'ouest et un plateau diversement accidenté. *Les pentes peu fertiles du coteau de l'ouest* et à leur pied une étroite lisière, *ont été épargnées ;* tout est détruit dans la *palus* et dans le vallon, où les vignobles sont les plus productifs ; le plateau et ses plantes du midi ont conservé la moité et sur quelques points les deux tiers de leurs pampres. On serait peut-être au-dessous de la vérité en évaluant aux cinq sixièmes de la récolte la perte éprouvée par l'ensemble des vignobles de la commune.

» *Il est évident que la gelée, comme la plupart de celles de printemps, n'est pas la conséquence d'une perte de calorique occasionnée par le rayonnement ; mais qu'elle a été produite par le souffle glacial d'un vent de nord-est, comme les gelées d'hiver. Certaines parties de vignobles ont été préservées par des accidents de terrains, des maisons ou des touffes d'arbres, tandis que dans les gelées ordinaires de printemps, ces abris provoquent la destruction des bourgeons.*

» Mais il est plus utile de s'occuper du remède que de la cause du fléau ; aussi vous dirai-je que sur quelques pampres gelés on peut déjà observer la naissance d'un nouveau bourgeon à l'aisselle des feuilles inférieures. C'est la preuve qu'il faudrait pratiquer une *taille immédiate,* en ne laissant à chaque rameau atteint qu'*un œil* et *rarement deux. La perte de la sève* par la partie amputée *n'est pas à craindre ;* j'ai vu des pousses coupées depuis moins de vingt-quatre heures et parfaitement cicatrisées.

» Cette opération devra donner quelques grappes nouvelles qui en compenseraient les frais et au-delà, car elle provoquera sur le vieux bois le développement rapide des œils inférieurs qui n'étaient pas destinés à produire des branches. Si la récolte n'est pas ainsi beaucoup accrue, la taille se trouvera au moins assurée pour l'an prochain, et c'est là le point important. »

J'espère que l'on ne peut ici se méprendre en aucune façon et que l'opinion de M. Saugeon est tout l'opposé de celle de M. Estienne : *la taille immédiate, à un œil ou deux yeux* tout au plus, diffère essentiellement de l'abstention absolue jusqu'à la fin de juin. J'avoue cependant que les raisons apportées par M. Saugeon ne me paraissent pas convaincantes, bien que je fasse tout mon possible pour me laisser convaincre, et ce, par le motif que je ne partage pas l'avis de cet observateur.

M. Saugeon me paraît aller bien loin et bien vite dans son affirmation sur les causes du désastre du 6 mai... En effet, si je comprends que les pentes du coteau de la Tresne ont été abritées contre le vent du N. E., si la palus a été soumise à son influence pernicieuse, si je pourrais voir, *à la rigueur*, dans cette position géographique, la cause des différences signalées, il m'est assez difficile de saisir la raison pour laquelle ce terrible vent glacial a épargné les vignes du plateau, exposées à son action plus directe encore que n'est la palus. Je ne saisis pas bien pourquoi un certain nombre de vignes de palus, situées sur la rive gauche de la

Garonne depuis Villenave-d'Ornon jusqu'à Portets et au-delà, exposées en plein au Nord-Est, ont mérité une faveur spéciale de la part de ce vent capricieux et fantasque... On peut constater de semblables anomalies dans l'exposition où l'orientation des vignes atteintes, non seulement dans le Bordelais, mais encore dans les Charentes et ailleurs. Hier encore, j'ai vu des vignes basses, abritées par un rideau épais de charmille, dont les pousses ont été détruites, tandis que la plupart des treilles hautes, non abritées, mais plus éloignées du sol, n'ont éprouvé que des pertes insignifiantes.

Il y a plus : Comment expliquera-t-on l'étrangeté de ce fait d'observation que, dans un même endroit, abrité du même côté, sur deux pieds voisins, du même cépage, l'un est détruit et l'autre n'a pas été atteint ?

Je me vois donc obligé de conserver l'opinion que j'ai émise et de chercher ailleurs la cause réelle de la gelée.

M. Saugeon déclare qu'il lui paraît plus utile de s'occuper du remède que de la cause du mal ; soit... mais il trouve que la nécessité de la taille est prouvée par l'apparition de nouveaux bourgeons axillaires, au-dessus des feuilles inférieures. Cette preuve ne me semble pas concluante et j'y reviendrai tout-à-l'heure.

La question en était là, bien scindée, comme on le voit, entre deux avis contradictoires, lorsqu'il est survenu quelques autres appréciations que je crois devoir reproduire.

Un anonyme examine la question au point de vue médico-chirurgical :

« 1° Le bourgeon, déjà avancé dans son développement, a été atteint dans sa partie supérieure ; deux ou trois yeux sont frappés, tandis que les yeux inférieurement placés sont sains, leurs feuilles sont conservées en état de *viabilité* ;

» 2° Le bourgeon est frappé ; quelques yeux sont conservés, mais les feuilles flétries sont perdues et doivent nécessairement périr ;

» 3° Le bourgeon est impitoyablement *mortifié*, gelé qu'il a été du sommet à la base ;

» Quels sont les traitements qu'on doit appliquer à ces divers états ?

» 1° Dans le premier cas, *la portion éteinte et flétrie, abandonnée à la force de la nature, devra nécessairement être éliminée après un temps plus ou moins long.* En même temps, les yeux survivants et garnis de leurs feuilles saines donneront des pousses qui seront en nombre égal aux yeux conservés. *La sève* indispensable à leur végétation *devra se subdiviser* et aller porter la vie à chaque production future. *De là des rameaux faibles, étiolés dans leur développement ; de là* aussi *des ressources insuffisantes pour la taille prochaine.* Si, au contraire, on revient sur l'œil inférieur et immédiatement placé au-dessus de la couronne, cet œil s'empare de toute la sève; le bourgeon, ainsi favorisé, vigoureusement organisé, aura le temps et surtout la puissance de s'aoûter. Il devra donner un bois propice à une bonne taille. On aurait tort de redouter la déperdition de sève qui devra nécessairement résulter de cette *section*. Cette déperdition sera très minime; puis, l'œil qu'on veut *exalter* en aura une plus grande quantité que si cette même sève était subdivisée et devait subvenir au développement de plusieurs boutons qu'on aurait laissés subsister. Nous savons que dans les pays sujets aux rigueurs de l'hiver, la vigne ne doit être taillée que très tardivement, qu'au moment où la sève se met en mouvement.

» Si on examine un *bourgeon amputé,* on voit que la sève, arrivée à l'extrémité de la *section,* forme, en vertu de ses qualités de *plasticité,* comme un *coagulum* qui enveloppant le *moignon* le met à l'abri des influences extérieures et favorise bientôt une *cicatrisation solide.*

» 2° Il faut considérer les boutons vivants encore, mais privés de leurs feuilles qui ont été gelées, comme gelés eux-mêmes. En effet, ils devront vivre misérablement et tôt ou tard s'éteindre. Dans ce cas, il faut tout livrer aux forces de la nature, et attendre que des yeux latents de la couronne s'élèvent des pousses qui devront surgir en grand nombre. Le viticulteur devra alors choisir celle qui sera le mieux disposée et pincer vigoureusement ou retrancher les autres.

» 3° Lorsque la pousse est frappée de mort, du sommet à la base, le traitement ci-dessus est applicable.

» Sur quelques vignes de choix, des chasselas, par exemple, on pourrait, je crois, retrancher les rameaux complétement mortifiés.

» *Le travail de séparation et d'élimination de la partie morte devra exiger, de la part du sujet, une certaine dépense de forces ; la section évitera cette dépense,* qui alors sera employée et concentrée au profit des productions qu'on attend. »

L'argumentation est habile, la forme passablement originale, mais je me vois, à regret, obligé de *disséquer* les opinions de l'auteur et de les réduire à une plus simple expression.

1° Si le bourgeon n'a été atteint que dans sa partie supérieure, taillez au-dessus du dernier œil, afin qu'il se développe et puisse s'aoûter, en s'emparant de toute la sève qui serait partagée entre tous les yeux restants et ne fournirait que des rameaux trop faibles, si l'on ne taillait pas. Vous perdrez moins de sève par cette taille que vous ne feriez en laissant subsister des bourgeons trop faibles;

2° Si les boutons sont encore vivants, mais privés de feuilles, regardez les comme gelés... Ne faites rien dans ce cas et attendez les pousses de la couronne; vous garderez la meilleure et retrancherez les autres;

3° Agissez de même si la pousse est tout-à-fait morte....

Voilà l'important de cette longue lettre, et je n'ai pas besoin d'en faire ressortir les contradictions évidentes, l'auteur voulant la taille quand on pourrait s'en passer et conseillant d'attendre quand une opération est indispensable d'après sa propre théorie.

Dans une lettre du 10 mai, M. Pascal Lusseau, professeur d'horticulture et d'arboriculture de l'Ecole Normale de Périgueux, s'exprime en ces termes :

« Après avoir fait une expérience sur une partie de mes vignes qui ont été gelées, j'aurais un conseil à donner : ce serait de *couper tous les bourgeons gelés à un centimètre du bois ; cette partie du jeune bourgeon, n'étant pas entièrement desséchée, interromprait le cours de la sève au détriment de la formation de nouveaux bourgeons, qui doivent se développer rapidement au-dessous de la coupe appliquée.* Pour les vignes qui ont été taillées très long, il faudrait faire la même opération. Je n'ai point la prétention de faire produire par ce moyen une récolte abondante à la vigne gelée, mais j'ai la confiance que si la température devenait plus chaude et que la végétation n'eût plus à souffrir, nous pourrions encore espérer quelques produits.

» *Je ne serais point partisan de tailler de nouveau ;* il vaut mieux, je crois, attendre encore quelque temps, et si l'opération dont je viens de parler ne répond pas à notre attente, *il faudrait soumettre tout simplement la vigne à l'ébourgeonnement,* en ne laissant que les bourgeons nécessaires à la taille de l'an prochain. »

M. Lusseau veut qu'on *coupe* les bourgeons gelés, mais il ne veut pas qu'on *taille* de nouveau... le bois de l'année dernière, sans doute ?... En tout cas, si je regarde avec lui le simple ébourgeonnement comme une excellente mesure, je crois même pouvoir dire comme la seule mesure à prendre, je ne partage pas son opinion quant à l'interruption du cours de la sève. Loin de nuire aux bourgeons secondaires, cette interruption leur serait profitable, et surtout, elle aurait pour résultat de déterminer la production de quelques fruits par les yeux inférieurs au point gelé. Ceci est élémentaire.

M. Bonifet, propriétaire à Capian, cherche à concilier les opinions les plus disparates dans une lettre pleine de modération, où l'on rencontre bon nombre d'idées fort justes et que je cite à peu près en entier :

« Les opinions sont partagées sur les soins à donner à la vigne, pour réparer, en tant que possible, le mal occasionné par la gelée.

» Les uns disent qu'il faut la tailler ou la pincer; les autres, qu'il faut la laisser dans l'état où elle est.

» La première opinion est celle de M. Saugeon de la Tresne, et la seconde de M. Estienne de Blaye.

» *Ces deux viticulteurs, placés dans des positions différentes et raisonnant chacun à son point de vue, peuvent avoir raison tous les deux.*

» L'opinion publique se trouve par ce fait placée dans cette position d'opter entre deux raisonnements également bons, mais diversement applicables. C'est pour l'éclairer que je viens vous apporter mon contingent d'expérience.

» Les vignes qui, par leur position ou exposition, avaient déjà atteint un grand développement, n'ont souffert que dans la partie supérieure de la tige. Ces tiges, mutilées plus ou moins profondément, selon l'intensité du froid qui les a frappées, vont nécessairement, par les bourgeons qui n'auraient dû pousser que l'année prochaine, donner des tiges nouvelles.

» C'est donc sur ces branches que *la taille, ou mieux, le pincement,* est utile. Elles ont été conservées sur une assez grande longueur, et peuvent avoir deux, trois et même quatre bourgeons parfaitement conservés.

» Qu'arrivera-t-il si l'on ne fait l'opération du pincement?

» Que tous les bourgeons vont pousser, et que *chaque tige,* qui n'était destinée qu'à s'allonger seule et à nourrir de un à trois raisins au plus, *se trouvera surchargée* de trois ou quatre pousses qui peuvent avoir deux ou trois raisins chaque. Cette multiplication de branches et de raisins ne peut que nuire au cep, à la quantité et à la qualité du produit, car alors la vigne se trouve dans les mêmes conditions où elle était avant la taille, et presque à l'état sauvage.

» Si le cep ne produit pas assez de sève pour le développement de tous les bourgeons, ce sera nécessairement ceux de la partie supérieure de la tige qui pousseront, et la vigne, à son détriment, s'allongera dans une année autant qu'elle aurait dû le faire dans deux ou trois.

» Tandis qu'avec la taille ou le pincement au-dessus d'un ou deux bourgeons au plus, le cep ne s'allongera cette année que de ce qu'il aurait fait l'année prochaine. Par ce moyen, on conserve la vigne, et la récolte peut encore être de bonne qualité et en quantité ordinaire, puisqu'on fait développer cette année le même bourgeon à fruit qui aurait poussé l'année prochaine.

» Pour les vignes qui ont été gelées jusque sur le vieux bois, on ne doit pas y toucher. Il ne faut pas, comme quelques viticulteurs le prétendent, sortir la tige qui a été brûlée par la gelée, car elle sert de capsule ou d'enveloppe qui préserve jusqu'à sa formation le bouton qui doit se développer à la même place.

» Ces observations peuvent également servir pour les vignes qui sont grêlées au commencement de la saison, comme en 1859. On doit toujours, après une grêle qui arrive dans le mois de mai ou au commencement de juin, pratiquer immédiatement la taille. Par ce moyen, on obtient un bois nouveau et sans flagellation, qui peut, dans la même année, donner des raisins, et qui, dans tous les cas, vaut infiniment mieux pour l'année suivante.

» Je vous citerai à l'appui de ceci que M. Filhol, propriétaire à Capian, fit tailler une pièce de vigne, en mai 1859, après la grêle; les repousses furent magnifiques et chargées de raisins qui ne mûrirent pas très-bien, il est vrai, vu les pluies et les froids précoces de l'arrière-saison, mais qui auraient pu donner de très-bons résultats dans toute autre circonstance.

» Néanmoins, pour l'année suivante, cette pièce était dans de bien meilleures conditions que celles qui n'avaient pas été taillées. »

Il n'y a pas grand chose à objecter aux idées qui précèdent, sinon que, pour être utile, le pincement conseillé doit-être retardé jusqu'à ce que le développent des bourgeons et des grappes secondaires permette de l'opérer sans risques. C'est rentrer dans la méthode de l'ébourgeonnement, qui est, de toutes celles proposées, la plus sûre, la moins compromettante et celle qui peut donner le plus de produits. On ne risque au fond rien du tout à attendre, et c'est ce qu'exprime parfaitement un habitant de Bordeaux, dans les phrases suivantes :

» Quelques-uns, n'écoutant que leur expérience, attendent de la nature le développement d'un nouveau bourgeon, et par suite un fruit d'arrière-saison pouvant arriver à maturité si les circonstances atmosphériques ne se mettent pas de la partie pour déjouer ces heureuses prévisions.

» D'autres, cédant à un raisonnement, pensent qu'une taille en vert favorisera plus rapidement le développement des bourgeons axillaires situés au bas de la dernière feuille atteinte, et qu'un bois nouveau assurera une bonne taille en sec qu'on ne peut espérer dans l'état actuel de nos vignes.

» J'aime assez à suivre le sentier battu et à prendre pour guide l'expérience de l'homme des champs, quand j'interroge la terre avant de lui confier une semence et quand la récolte qu'elle va me donner dépérit ou dégénère; mais j'aime aussi qu'une raison sûre me vienne en aide dans tous les cas qui peuvent échoir.

» Ainsi la taille en vert, pratiquée sur des pampres déjà tuméfiés, ne serait-elle pas préjudiciable à cause de l'action d'une température élevée sur des vaisseaux laissés béants, et l'amputation des vieux bois qui les portent n'occasionnerait-elle pas une déperdition de sève qu'il serait difficile de réparer, et, par suite, ne ferait elle pas avorter le développement des bourgeons qui semblent déjà laisser quelques espérances pour l'avenir?

» Certains viticulteurs éclairés acceptent cette théorie et conseillent d'attendre la dessiccation des pampres gelés avant de rien détacher des vignes malades.

» Pour ma part, je vais attendre, ayant réussi d'autres fois. »

Voilà au moins un langage impartial, celui que doit tenir tout homme désireux de s'éclairer par les conseils de la raison et par ceux de l'expérience, et

il est regrettable que l'auteur ait dérobé la connaissance de son nom au public.

Je ne saurais mieux terminer l'ensemble de ces
citations que par les phrases suivantes d'un autre
correspondant de la Gironde : « ... il faudrait se
résoudre à agir rapidement ; beaucoup de propriétaires, incertains, timides, ne feront rien, et ce sera
le plus fâcheux, pour eux d'abord, pour le com-
merce ensuite, et pour la classe pauvre surtout.

» Quant à moi, *je ne change rien à ma déter-
mination.*

» *Je continuerai à faire tailler* tous les pampres gelés qui n'ont plus de sève et qui seraient
nuisibles, si je les laissais, aux nouveaux bois que
les couronnes ne manqueront pas de me donner.

» J'aime mieux des pampres nouveaux, bien at-
tachés, mais courts, que des repousses étiolées sur
les pampres à demi-gelés, ou pour mieux dire presque entièrement gelés.

» Une nouvelle taille de l'aste, au-dessus du second œil... ne me semble pas praticable pour deux
motifs : grande perte de sève à coup sûr, difficulté
d'attache aux carrassonnes ; et, dans les palus, ce
dernier inconvénient serait très-grand... je suis
propriétaire, et je voudrais connaître un remède
plus que certain pour moi d'abord, et pour les
autres ensuite. »

Traduction libre : Dites-moi ce qu'il faut faire, bien que je sois déterminé à ne faire que ce que je fais !

Il faut convenir que le résultat de cette première enquête n'était pas satisfaisant et que personne ne pouvait s'en contenter. On y trouvait, en effet, ces différents conseils :

1º Ne taillez pas ; abstenez-vous de toute suppression de bois jusqu'à la fin de juin !

2º Taillez immédiatement à un œil, rarement à deux yeux !

3º Taillez au-dessus de l'œil inférieur les bourgeons frappés par en haut et conservant leurs yeux inférieurs et leurs feuilles... Attendez pour le reste !

4º Coupez à un centimètre du bois tous les bourgeons gelés, mais ne taillez pas à nouveau et ébourgeonnez !

5º Taillez, ou mieux, pincez les branches qui ont conservé trois ou quatre bourgeons... Ne touchez pas à celles qui sont gelées jusqu'au vieux bois !

6º Enfin, ne préjugez rien ; ne vous exposez pas par une taille prématurée, attendez la dessiccation des parties gelées pour voir ce que vous aurez à faire !

Ce dernier avis ressemble au premier, à celui de M. Estienne et je reconnais que je m'y associe de tout cœur, et cela, par nombre de raisons de théorie et de pratique que j'ai déjà précédemment exposées, et que je compléterai plus tard.

Il convient maintenant de jeter un coup d'œil sur le résultat apparent des discussions et enquêtes.

Une réunion fut provoquée dans les bureaux mêmes du journal qui avait ouvert ses colonnes à la discussion et le résultat fut tel qu'on devait le prévoir après la divergence d'opinions que je viens de signaler. Déjà la Société d'Agriculture de la Gironde avait conseillé de s'abstenir dans l'avis suivant, communiqué par son Président, M. Gout-Desmartres.

« La Société d'Agriculture de la Gironde, dans sa séance du 14 mai, s'est vivement préoccupée de la situation de la vigne ; saisie par son président de la question de l'opportunité de la taille, elle a, à la suite d'une discussion approfondie, émis l'avis que, *quant à présent, cette opération n'est pas suffisamment justifiée, et que, dans le doute, il est prudent de s'abstenir.* Son opinion est que les vignerons devront apporter la plus grande attention à des *ébourgeonnements successifs.* »

Cet avis, que je regarde comme le plus rationnel et comme le seul utile de ceux qui ont été émis, se rattache à celui de M. Estienne et de tous les hommes réellement pratiques. Je ne lui reproche que son laconisme un peu outré, et je suis certain qu'il aurait rendu plus de services et contribué davantage à calmer des craintes exagérées, s'il avait été appuyé de raisons péremptoires.

Il faut s'abstenir, parce que l'on risque trop par la taille, que l'on sauvegarde tout par l'attente, et parce que des ébourgeonnements successifs ne préjudicieront en rien à la taille de l'an prochain, tout en permettant d'obtenir encore quelques produits cette année ; *il faut s'abstenir,* parce que la raison et l'expérience le conseillent ; *il faut s'abstenir,* parce que les déclamations ne peuvent remédier au mal produit par une taille inconsidérée !

A la réunion du 15 mai, dans les bureaux du journal *La Gironde,* on mit sur le tapis les trois questions normales que voici :

1º Convient-il de procéder à une nouvelle taille de la vigne ?

2º A quel moment cette opération doit-elle être effectuée ?

3º Sur quelle partie de la tige faut-il exécuter la section ?

Au moment où la première question, la principale, allait être mise en discussion, elle se trouva déplacée par un partisan de la taille absolue et quand même, et il ne s'agit plus que du mode à suivre, la nécessité de la taille se trouvant ainsi *préjugée* malgré les observations de quelques réclamants.

On devait tailler les vignes à demi-gelées et ébourgeonner les autres !

Quant à l'époque de l'opération, M. Georges, professeur d'arboriculture à Bordeaux, dit qu'elle doit se faire lorsque les contre-bourgeons sont gonflés, en tenant compte toutefois de l'état de la température.

Pour l'endroit précis de la section... M. Bloy veut couper tout contre le vieux bois ; M. Georges veut qu'on laisse un œil, par la raison que, deux sûretés valant mieux qu'une, on obtiendra deux bourgeons au lieu d'un, en même temps que l'on s'assurera contre les accidents qui peuvent atteindre le contre-bourgeon.

M. Bloy consent à *fusionner* avec M. Georges ; mais M. Saugeon, dont j'ai rapporté l'opinion, prétend que la taille de ces messieurs ne diffère de la sienne qu'en ce sens qu'il veut tailler le plus loin possible de l'œil...

En définitive, lorsque le bourgeon du collet est gonflé et près d'éclore, ou même éclos, huit ou quinze jours après la gelée, il *faudrait* couper la tige à un centimètre au-desssus du collet, que cette tige fût gelée en partie ou en totalité. Dans le cas où la gelée aurait épargné plusieurs boutons au-dessus du collet, il pourrait arriver que leur *force aspirante* empêchât la sortie du contre-bourgeon ;

dès-lors il n'y aurait pas à hésiter à *couper la tige quand même :* le contre-bourgeon ne tarderait pas à paraître après section !

J'avoue que je regarde ce système comme désastreux sous tous les rapports : Ce n'est pas *une* observation problématique qui doit entraîner l'opinion dans une matière aussi grave, et il faut considérer les choses à un autre point de vue lorsqu'il s'agit de l'intérêt public. Je reviendrai tout-à-l'heure sur tout ce qu'il importe de bien étudier à cet égard.

Le lendemain, M. Georges formulait son opinion personnelle dans une lettre dont je reproduis la la partie importante :

« Le mal occasionné par la gelée peut se classer en trois catégories :

» 1º Les ceps gelés complétement, n'ayant que la couronne et un œil de reste à la plupart des bourgeons ;

» 2º Ceux gelés à moitié, c'est-à-dire à moitié longueur et les feuilles en parties détruites ;

» 3º Ceux qui n'ont que les extrémités gelées et dont les mannes sont conservées presque en totalité.

» Dans le premier cas, *il n'y a rien à faire ;* la sève forcera tous les yeux et sous-yeux restés latents, dont la plupart auront des mannes, à se développer. Il faudra, lorsque tous ces bourgeons auront dix centimètres, enlever ceux qui n'auront pas de fruits et qui seront inutiles pour bois de taille. Selon la vigueur des vignes, *cet ébourgeonne-ment* (opération importante et trop négligée même lorsque les vignes sont bien portantes) *devra être fait deux ou trois fois* jusqu'à la fin de la campagne.

» Dans le second cas, la taille sur les bourgeons gelés à moitié longueur est utile, et l'on doit se hâter de la faire, en conservant le premier œil au-dessus de la couronne. Ici, l'ébourgeonnage est aussi utile, et devra être fait avec les mêmes soins que ci-dessus.

» Quant au troisième cas, la récolte étant en partie restée, il n'y a rien à faire qu'à soigner également l'ébourgeonnage. »

Ici, l'avis de M. Georges s'éloigne de celui des partisans de la taille à tout prix, et se rapproche d'autant des idées rationnelles, sanctionnées par la pratique de l'expérience.

Ainsi les discussions écrites, les réunions spéciales n'ont produit dans le bordelais (et ailleurs il en a été de même), que la plus regrettable confusion. Les uns rejettent absolument la taille et adoptent l'ébourgeonnement répété. Les autres veulent la taille quand même, au niveau du bois, à un œil, à deux yeux au plus ; d'autres conseillent tantôt la taille, tantôt l'ébourgeonnement, selon les cas.

Je regarde la première opinion, représentée par l'avis de la Société d'Agriculture et par celui de M. Estienne, comme la seule pratique rationnelle, et j'en déduirai les motifs dans quelques instants.

Permettez-moi maintenant d'entrer au cœur même de la question, et d'essayer d'en faire l'étude pied-à-pied, comme il convient à ceux qui craignent de se tromper et de tromper les autres par des affirmations prématurées.

Des causes physiques de la gelée. — Le vigneron ou le viticulteur — comme vous voudrez — qui entend prophétiser une gelée, souhaite le prophète aux gémonies, et, bien que sa raison lui dise que le malencontreux devin n'en sait pas long dans l'avenir, cela ne l'empêche pas de trembler sur le sort de ces jeunes grappes si frêles et si tendres, espoir des travaux de toute une longue année.

Franchement, les craintes sont rarement exagérées en pareille matière, mais on craint mal, on craint pour craindre, sans se demander comment on pourrait se mettre à l'abri d'une semblable torture.

C'est un tort immense que ne pas prévoir, que ne pas s'entourer de précautions contre un fléau désastreux, qu'attendre le coup dont on redoute les atteintes, s'en en détourner l'approche ; ce tort ne peut-être excusé que par la profonde émotion causée par l'inconnu sur l'humaine engeance. Or, si la gelée est bien connue de quelques viticulteurs et des agronomes, elle ne l'est pas assez des vignerons qui n'en connaissent que trop les effets sans en avoir apprécié les causes.

Prévoir est souvent pouvoir ; guérir est loin d'être toujours possible.

Il y a longtemps qu'un poète de l'antiquité proclamait la nécessité de s'opposer aux débuts du mal, afin de n'avoir pas à subir les tristes conséquences d'un fâcheux retard, d'une absurde hésitation.

Pour lutter contre un mal, il faut le connaître, je le répète ; mais il faut le connaître à fond, dans ses causes, ses effets et ses conséquences, et je dis que la gelée n'est pas assez connue des vignerons... S'ils la connaissaient, ils voudraient la prévoir, et, discutant moins que les agronomes, mais travaillant davantage, ils auraient bientôt rencontré quelques bons moyens pratiques de s'opposer à ses ravages.

Qu'est-ce donc que la gelée ? quelles en sont les causes appréciables ?

Je n'ai certainement pas envie d'entreprendre un cours de physique ; mais pourtant, cherchons à nous rendre compte. La gelée est, à proprement parler, l'abaissement de la température au-dessous de zéro, ce point zéro représentant la température de la congélation de l'eau, ou de son passage à l'état solide ou de glace. La gelée n'est pas la sensation du froid, remarquez-le bien; elle commence à zéro, pour aller en augmentant au-dessous de ce point. La gelée, à 0°, s'accompagne de la sensation de froid pour tous les êtres vivants dont la température moyenne est supérieure à ce point, mais on peut avoir très froid sans qu'il y ait l'ombre d'une gelée à craindre.

Ainsi, le corps humain comporte à l'intérieur une température moyenne de 37°, 5 centigr... Si vous admettez que la température de l'air calme soit à la valeur moyenne de 15°, vous trouverez, par sensation, qu'il *fait frais;* à plus forte raison, trouverez-vous qu'il *fait froid,* si la température est à 6° ou 7°, et pourtant, il ne gèlera pas encore, puisque le caractère distinctif de la gelée commençante est la solidification de l'eau, qui arrive au point zéro du thermomètre.

Vous voyez que, malgré leurs connexions nombreuses, froid et gelée sont deux choses différentes.

Si la gelée, la solidification de l'eau, commence à se produire à 0°, le dégel ne s'obtient qu'à 4°, 1 de température, par différentes causes qu'il est inutile de déduire ici; en sorte que, si vous avez dans un vase de l'eau à 3° et, dans un autre, de la glace, l'eau ne gèlera pas, il est vrai, mais la glace ne fondra pas, c'est-à-dire, ne reprendra pas l'état liquide.

Notez bien cette circonstance.

Ainsi, le froid étant relatif à la température du corps plus ou moins chaud qui l'éprouve, il peut débuter à une température très élevée, pour s'accroître graduellement au fur et à mesure que la température décroit ; on doit le considérer comme une simple diminution de la chaleur d'un corps donné, comme une soustraction de calorique, et le froid n'a lieu que lorsque le corps donné cède de son calorique aux autres corps qui l'entourent, le touchent ou l'avoisinent. Le refroidissement d'un corps ne peut avoir lieu dans aucune circonstance, à moins que le milieu dans lequel il est plongé ne se refroidisse lui-même.

Exemple : l'eau à 15° restera à cette température dans l'air, si l'air reste lui-même à 15°. Elle s'échauffera, si l'atmosphère s'échauffe ; elle se refroidira, si la circonstance contraire arrive.

Cela dépend de cette admirable loi d'équilibre que la nature a écrite en tête de toutes ses œuvres.

Il en sera de même de toutes les autres substances.

La gelée débute à 0°, mais l'eau se trouvant à son maximum de densité, soit à son plus grand poids sous le même volume, à la température fixe de 4°, 1. qui est celle de la glace fondante, comme la glace est plus légère que l'eau liquide, c'est-à-dire qu'elle augmente de volume jusqu'à ce qu'elle est solidifiée, il vous sera facile de tirer de ce fait des conclusions pratiques.

Nous savons maintenant ce qu'est la gelée et qu'elle est la différence qui existe entre la gelée et le froid, et il nous reste à apprécier quelles sont les causes physiques de ces phénomènes.

Les CAUSES du froid et de la gelée sont toutes celles qui peuvent abaisser la température de l'air, et surtout, les causes qui interceptent ou affaiblissent l'action des rayons solaires.

Pendant une grande partie de l'année, les vents et les nuages, les pluies sont des causes de refroidissement atmosphérique.

La direction oblique des rayons solaires est une cause puissante du refroidissement de l'air ; j'ajoute que l'air est d'autant plus froid qu'on s'élève d'avantage au-dessus du niveau de l'Océan ; cette différence ne doit-pas être évaluée à moins de 0°,6 degré par 100 mètres d'élévation perpendiculaire. A ces faits, on ajoute par expérience que chaque degré de latitude apporte une différence de 0°,6 de température, en plus ou en moins, en sorte que, une hauteur et sa latitude étant données, on peut établir comparativement leur température moyenne par rapport à des chiffres connus.

Ainsi, par exemple, soit, hypothétiquement, la

ville de Bordeaux située par 44° 50'19" lat. N. à 1 m. 50 au-dessus du niveau de l'Océan à l'étiage, et présentant une température de 20° centigrades; admettons le chiffre 109,400 mètres pour distance entre deux parallèles, nous pourrons trouver la température moyenne de la Pointe de Grave, au niveau de la mer.

En effet, cette dernière localité se trouve par 45° 48' 25" lat. N. soit à 0° 41' 26" plus au Nord que Bordeaux ; il y aura donc pour la différence de niveau 0°,009 de température en plus, et pour la plus grande élévation vers le pôle 0°, 414 en moins, ce qui donne pour la différence un chiffre de 0°,405, en sorte que la température de la Pointe de Grave n'est que de 19°, 595 lorsque celle de Bordeaux est de 20°.

La solution du problème est rarement soumise à des règles mathématiques rigoureuses, car, à la distance de l'équateur, représentant la plus ou moins grande obliquité des rayons solaires, à l'élévation au-dessus du niveau de la mer, il faut encore joindre, comme éléments du refroidissement atmosphérique, les vents régnants, les nuages, les pluies, et, de plus la nature particulière du sol, la présence des cours d'eau ou des eaux souterraines, les rosées plus ou moins abondantes, les ténèbres, etc. Le vent consistant essentiellement dans le déplacement

des couches atmosphériques, ce déplacement est déterminé par les différences de densité qui résultent
d'un échauffement inégal de l'air : l'air chaud est toujours remplacé par de l'air plus froid, et si l'on pouvait concevoir l'équilibre absolu dans la température
des couches atmosphériques, on concevrait le calme
plat universel, la non-existence du vent, ce qui est
impossible, puisque les causes les plus nombreuses
et les plus diverses se réunissent pour produire le
refroidissement partiel de l'air.

La vapeur qui s'élève des mers, des fleuves et des
eaux de toute nature, ne se condense en brouillards,
en rosées, en pluies, que sous l'action d'un refroidissement plus ou moins intense que ces produits
de l'évaporation de l'eau tendent encore à augmen-
ter, par l'absorption du calorique libre d'abord, et
ensuite, en faisant obstacle au rayonnement de la
chaleur solaire. La pluie, en tombant des hauteurs
atmosphériques, absorbe le calorique et refroidit
l'air ; le brouillard et la rosée sont dans le même cas.

Certaines contrées, sillonnées de cours d'eau,
couvertes de lacs ou de marais, les bords de l'Océan
échappent encore à la régle mathématique d'observation ; en effet, la production de la vapeur d'eau
exige l'absorption d'une très grande quantité de
calorique et détermine le refroidissement de l'atmosphère. Il y a des sols dont la nature particulière

présente une cause plus ou moins puissante de refroidissement pour l'air ambiant ; mais il faut surtout noter ce fait que les terrains qui absorbent le
plus de chaleur pendant le jour, sont précisément
ceux qui causent le plus de froid pendant la nuit.

Voici, en effet, ce qui se passe dans ce cas.

Le sol, échauffé par les rayons solaires, perd son
eau par évaporation, aussi bien durant le jour que
pendant la première portion de la nuit, jusqu'à ce
qu'il soit revenu à un état de froid suffisant pour
que cette évaporation n'ait plus lieu. Mais la nuit,
comme l'ombre, supprimant la cause calorifiante,
il ne se produit plus de chaleur compensatrice ; la
vapeur se condense graduellement en brouillard ou
en rosée au fur et à mesure que les couches atmosphériques se refroidissent et cette nouvelle condensation devient une nouvelle cause de refroidissement.

On conçoit que la terre et les corps terrestres
échauffés pendant le jour, perdent leur chaleur pendant la nuit par l'effet du rayonnement; on sait qu'ils se
refroidissent plus vite que l'air, en sorte que si l'atmosphère a absorbé une quantité notable de vapeur
d'eau, celle-ci se dépose en rosée sur les corps en
contact selon leur état de refroidissement. Il est évident que les corps qui rayonnent le plus et se refroidissent le plus vite se couvriront plus tôt de rosée

que les autres ; que, parmi les plantes, par exemple, celles qui se refroidissent plus rapidement sont aussi plus promptement couvertes de rosée...

Le refroidissement des corps peut ainsi devenir très considérable ; quand la terre n'a pas été suffisamment échauffée par le soleil, comme au printemps, ou qu'elle est déjà refroidie, comme en automne, on peut observer la congélation ou la solidification de la rosée, et l'on connaît ce phénomène sous les noms de *gelée blanche*, de *givre*, ou de *grésil*.

De même au printemps, la terre se refroidit plus vite, mais s'échauffe plus promptement que l'air ; il en résulte que, pendant la nuit, les vapeurs émises par la terre relativement chaude se trouvent en contact avec l'air froid ; elles se condensent et deviennent plus visibles sous la forme de *brouillard* proprement dit. Si la condensation devient plus complète par un refroidissement plus intense, le brouillard se dépose en rosée, et il peut se produire tous les faits que j'ai indiqués, jusques et y compris la gelée.

La gelée blanche ou le givre peut être regardée comme un commencement de cristallisation de l'eau, et elle débute entre 1° et 2° centigrades, c'est-à-dire un peu avant le degré de la congélation proprement dite.

Je dirai tout-à-l'heure quels sont les effets des diverses phases du refroidissement sur les végétaux ; mais je crois devoir auparavant résumer les principales notions qui précèdent.

1º La gelée proprement dite est la solidification de l'eau, commençant à 0º du thermomètre centigrade ; elle s'accompagne d'une sensation de froid, mais le froid n'est que relatif.

2º La liquéfaction de l'eau ne commence qu'à 4º,1 de thermomètre.

En vertu de la loi universelle d'équilibre, un corps ne change de température que si le milieu où il est plongé en change lui-même.

4º L'eau et les liquides aqueux augmentent de volume depuis 4º,1 jusqu'à la solidification, et depuis 4º,1 jusqu'à la vaporisation.

5º Les causes du froid et de la gelée sont toutes celles qui abaissent la température de l'air et tous les obstacles qui interceptent ou affaiblissent l'action des rayons solaires. L'obliquité plus ou moins grande de ces rayons, les vents, les nuages, les pluies, le rayonnement, la nuit, sont les principales de ces causes, auxquelles il convient d'ajouter l'influence de la nature du sol et la présence des eaux courantes ou stagnantes.

6º On peut grouper les effets du rayonnement du calorique de la manière suivante : refroidissement des corps, proportionnel à leur faculté rayonnante ; condensation plus ou moins complète des vapeurs d'eau, produisant le brouillard, la rosée, la gelée blanche, le givre ou le grésil.

7º La gelée blanche peut se produire même entre 1º et 2º, c'est-à-dire à une température plus élevée que la gelée réelle.

Effets du froid sur les êtres vivants et, en particulier, sur la vigne.— Il n'y a personne qui n'ait été à même de constater les effets du froid sur les tissus animaux qui ont été soumis à son action, et les engelures peuvent être regardées comme un type d'étude remarquable.

Sous l'influence des alternatives de froid et de chaleur, la circulation s'arrête dans les capillaires, un engorgement plus ou moins douloureux se manifeste, et il peut arriver une désorganisation plus ou moins profonde des parties atteintes. La désagrégation est suivie dans ce cas d'une suppuration abondante, qui détermine l'élimination de la portion mortifiée, mais qui peut étendre assez loin ses ravages, lorsque l'organisme est dans certaines conditions de débilité, ou que le sang est vicié, ou même qu'il est seulement moins riche en parties solides.

Les tissus profondément gelés sont détruits par la gangrène.

Il est digne de remarque cependant que, sous

l'influence de la vie, des animaux puissent supporter une température très froide, comme 20° au-dessous de zéro, sans que la température intérieure, celle du sang, diminue d'une manière notable.

Cet antagonisme de la *vie* contre les causes de la destruction est une des plus grandes merveilles qu'il soit donné à l'homme de chercher à approfondir.

Or, la plante, elle aussi, est un être vivant ; la plante aussi lutte contre la destruction, et elle peut, comme l'animal, résister pendant un temps à la désorganisation. La séve, qui gèlerait à 0°, si elle était librement exposée à cette température, résiste très bien à la congélation sous un froid plus considérable, qui peut varier de 0° à 8° dans un grand nombre de circonstances.

Mais rien n'est funeste aux végétaux comme l'action desséchante des vents, rien ne leur est nuisible comme les alternatives du gel et du dégel, du froid et de la chaleur, comme ce qu'on a appelé la *gelée blanche,* ou même ces brouillards secs ou humides dont l'influence est si pernicieuse sur les feuilles et les jeunes fleurs. Il convient d'étudier ces diverses conditions en reportant toute l'attention vers la vigne, dont il est nécessaire d'apprécier l'organisation spéciale.

La VIGNE, considérée comme *être vivant,* offre

des particularités fort remarquables, que je recommande spécialement à l'attention. Il importe d'étudier son mode de croissance, la nature anatomique et physiologique de ses jeunes pousses, de son écorce et de ses feuilles, et de prendre quelques points de comparaison parmi les autres plantes, pour arrià mieux comprendre les résultats inévitables qu'on est appelé à observer dans des circonstances données.

La vigne est une *liane sarmenteuse*, dont les *pousses* se développent avec une incroyable rapidité , il en résulte que ces pousses restent pendant un temps assez long tendres et cassantes, parce que leur organisation est encore incomplète. Formées d'un tissu rudimentaire, elles sont encore à l'état mucilagineux et contiennent une proportion d'eau très considérable. Leurs parties anatomiques sont à peine soudées les unes avec les autres, et cela est si vrai que l'on peut en détacher, sans effort, des bandes d'écorces très longues, tandis que la portion intra-corticale se casse aisément, même dans le sens transversal. Entre l'écorce et les jeunes couches ligneuses se trouve une couche épaisse de *cambium*, qui ne présente encore aucune trace d'organisation globulaire, sinon dans la partie inférieure des pousses, la plus âgée, la plus rapprochée du vieux bois. La couche ligneuse n'offre que des linéaments du tissu vasculaire, ou, pour parler plus juste, les vaisseaux qui la constituent en grande partie sont à peine formés, en ce sens que les soudures des cellules allongées n'offrent aucune adhérence. La portion médullaire est un agrégat de cellules remplies de liquides séveux, enveloppées dans une masse peu consistante de matière plastique, dont on ne peut mieux comparer la nature qu'à celle des haricots très jeunes. La gousse de ceux-ci offre, en effet, beaucoup d'analogie avec la portion centrale d'une jeune pousse de vigne, et la cassure, aidée de l'observation micrographique, dénote des éléments similaires.

Les jeunes *pousses* de vigne ne présentent donc aucune résistance matérielle contre les causes de destruction par le fait de leur organisation physiologique, et ce n'est que lorsqu'elles deviennent ligneuses, après la solidification du cambium, qu'elles acquièrent une dureté suffisante. Si la force vitale n'était là pour apporter son concours et son influence préservatrice, les causes les plus insignifiantes seraient assez fortes pour amener la ruine de ces jeunes tiges, et l'on n'aurait nul besoin de recourir à des hypothèses pour en expliquer la destruction.

L'écorce elle-même, formée de faisceaux vasculaires longitudinaux, sans adhérence notable entr'eux, recouverte d'un épiderme très-mince et peu résistant, laisse transsuder les liquides intérieurs, que l'on voit souvent se déposer à la surface, sous la forme de petites perles blanchâtres ou jaunâtres, qui se concrètent à l'air, et ressemblent à de très petits grains de millet. A plus forte raison, les causes extérieures peuvent-elles agir énergiquement sur un tissu aussi tendre et il n'y a rien là qui doive étonner l'observateur.

J'ajoute à cela une raison très sérieuse, que l'on va étudier dans un instant, c'est que les pousses de la vigne ne sont pas recouvertes d'un enduit cireux assez abondant pour qu'elles résistent aux influences météorologiques, dans les premiers temps de leur existence.

Les *feuilles* de la vigne, poreuses, formées d'un tissu parenchymateux peu adhérent, sont à peu près dépourvues en dessous de cet enduit cireux dont je viens de parler. Cette face du limbe est, au contraire, abondamment garnie de villosités ou de poils très-menus, qui retiennent les moindres gouttelettes de rosée et de brouillard, et même les particules les plus ténues de poussières solides. La face supérieure du limbe est recouverte par une couche très mince d'enduit gras, mais cet enduit n'existe pas vis-à-vis les nervures qui sont très nombreuses dans ces organes.

Or, il est digne d'attention que tous les végétaux dont les jeunes pousses se développent rapidement, mais qui ne passent que lentement à l'état ligneux, dont le tissu est imprégné de sucs abondants, dont le cambium forme une couche épaisse entre le ligneux et l'aubier, dont la portion médullaire est aqueuse et peu adhérente, sont plus sensibles que les autres à ce qu'on veut bien appeler les gelées de printemps. Les plantes sont d'autant plus résistantes à cette influence qu'elles sont plus denses, moins aqueuses, qu'elles croissent moins vite et qu'elles sont recouvertes d'un enduit cireux plus épais et plus uniforme.

Le peuplier, le chou, le chêne, le magnolier, le laurier d'Apollon, le lilas, fournissent des exemples de cette résistance, et cependant tout le monde sait combien le laurier est sensible à la moindre *gelée*. Il ne garde pas l'eau qui n'a pas d'action pénétrante sur son tissu épidermique, mais il redoute le froid qui le fait rapidement périr à une température voisine de zéro.

La vigne, la pomme de terre, la tomate, le haricot, le marronnier d'Inde par ses feuilles, le noyer, sont très sensibles à l'action de ces *gelées de printemps*, lesquelles n'agissent presque pas sur une multitude de végétaux que je crois pouvoir regarder cependant comme *très frileux*.

Comment expliquer ces faits, si ce n'est par les raisons physiologiques exposées tout-à-l'heure?

Voyons maintenant en détail qu'elle est l'influence réelle du froid sur les plantes, et cherchons à ne pas nous égarer dans de vains problèmes de théorie lorsque nous avons pour nous guider le Maître Suprême, le grand livre de la nature, devant lequel les discoureurs se trouveraient bien petits, s'ils savaient y lire ou s'ils voulaient s'en donner la peine.

J'ai déjà dit que l'équilibre est la loi générale ; c'est la grande résultante autour de laquelle gravitent et par laquelle sont produits les faits de la vie. Je devrais dire que c'est la condition indispensable de tous les actes physiologiques, aussi bien que de tous les phénomènes physico-chimiques. Or, sous l'influence intérieure du mouvement vital de la sève chez la plante, la température intérieure est d'autant plus exaltée que ce mouvement vital est plus actif: la vigne doit être, et elle est, en effet, l'un des végétaux dont la température intérieure est à un degré plus élevé. La différence avec la température ambiante n'est jamais moindre de $1^o 5$ à 2°, pendant tout le temps que la vie manifeste son action, et elle est beaucoup plus considérable encore à la floraison.

La sève de la vigne ne se refroidira donc à 0° que lorsque la température extérieure sera de $1^o 5$ à 2°

au-dessous de ce point. Il y aura *gelée proprement
dite* dans ce cas; mais quels sont les phénomènes
qui auront lieu? D'abord, le liquide renfermé dans
les vaisseaux se dilatera jusqu'à son point de congélation; cette dilatation amènera la rupture des
vaisseaux, l'extravasation des liquides dans les tissus; les cellules seront comprimées, brisées souvent; la mortification, la gangrène s'en mêlera à la
première reprise de chaleur, et il y aura alors pu-
tréfaction, fermentation ultime des portions attaquées, qui devront se séparer ou entraîner la mort
de la branche malade ou de l'individu entier. Mais
dans le cas ou la température extérieure ne descen-
dra qu'à zéro, les liquides intérieurs restant à 1° 5
ou 2°, il n'y aura qu'un simple arrêt dans la végétation, une sorte de léthargie de l'action vitale, en
sorte que, plus tard, la plante reprendra toute son
énergie, si d'autres causes ne viennent compliquer
la situation.

Parmi ces causes, il faut signaler les alternatives
de froid et de chaud, lesquelles agissent par un
effet mécanique de contraction et de dilatation successives.

Supposons une atmosphère calme, soustraite aux
vents nuisibles et desséchants, admettons une bonne
exposition, un bon sol, des abris convenables... Je
dis que, si la température s'exalte jusqu'à 18° ou 20°

pendant le jour et qu'elle retombe à 0° ou 1° pendant la nuit, les plantes sensibles, aqueuses, de végétation rapide, seront très *exposées à être gelées sans qu'il gèle réellement*. La mortification sera causée par cette dilatation des liquides dont j'ai parlé, laquelle sera suivie de contraction trop brusque, et les parties des plantes seront d'autant plus facilement attaquées, qu'elles seront plus jeunes, plus aqueuses, moins denses et, par conséquent, moins résistantes.

Il arrive souvent au printemps et à l'automne de ces altérnatives de chaud et de froid, sans que la température s'abaisse jamais jusqu'à la gelée ; des journées chaudes sont suivies de nuits très fraîches, et cette première cause suffirait à produire des accidents très graves sur les plantes aussi bien que sur les animaux.

A cette influence pernicieuse, il nous faudra joindre celles dont j'ai déjà parlé précédemment ; car, outre que les causes qui diminuent ou interceptent l'action des rayons solaires produisent un froid plus ou moins intense, elles ont encore une action directe sur les plantes. Les vents, le brouillard, la rosée, la gelée blanche, ont une influence qu'on ne saurait révoquer en doute. Voici le résultat de quelques observations à cet égard.

Lorsqu'un vent desséchant atteint les plantes

sensibles dont j'ai fait mention, il agit en soustrayant
une partie notable de leurs sucs intérieurs, en dé-
terminant une contraction subite dans les tissus, ce
qui produit une réaction analogue à celle de la gelée. Qu'on ne croie pas que je sois seul de mon avis
à ce sujet, ni que je veuille courber les faits à mon
opinion, car, à l'appui de ce que j'avance, je pourrais citer des témoignages nombreux et irrécusables :
il me suffira de reproduire quelques phrases signi-
ficatives de l'excellent docteur Sacc.

« Parmi les vents généraux, le plus dangereux,
qui est aussi le mieux observé, dit-il, est le *vent
d'est, la bise dont l'action desséchante est exces-
sivement caractéristique* : quelques heures de bise
suffisent pour *faner tous les végétaux*, pour *dimi-
nuer* considérablement *la vendange*, pour glacer la
température et forcer de rentrer le bétail à l'étable.
La régularité avec laquelle souffle ce fatal vent est
extraordinaire ; il commence au lever du soleil et
se tait au moment où l'astre du jour disparaît à l'ho-
rizon... Sa bise souffle davantage au printemps que
durant le reste de l'année ; c'est le vent des mois
de mars, avril et mai ; elle a le triste privilége de
nous faire payer cher le printemps anticipé ; car,
*arrivant sur les bourgeons délicats et gonflés de
sucs*, sur les fleurs épanouies, sur les fruits à peine
noués, *elle les dessèche* de telle façon que le culti-

vaïeur dit qu'*elle les cuit,* et il a raison, puisque l'effet est le même; les parties tombent privées de vie, une journée de bise fait brusquement repasser toute la végétation du printemps à l'hiver. *Le froid* tellement *vif que produit la bise n'est point en rapport avec la température de l'air qu'elle agite;* *il est dû uniquement à sa force desséchante,* qui enlève à tous les corps, avec l'eau qu'ils contiennent, aussi la chaleur nécessaire pour la transformer en vapeur...

» L'action mécanique des vents est encore mal étudiée ; les uns sont brisants comme *ceux du Nord et de l'Est...* partout où soufflent avec force les vents brisants, il faut renoncer à la culture des plantes à larges feuilles... »

Le brouillard et la rosée de la nuit ou du matin, suivis d'une journée sombre, n'ont pas d'action nuisible sur les végétaux, en ce sens qu'ils ne déterminent pas la mortification que j'ai signalée, lorsqu'ils ne sont pas accompagnés d'un froid notable ; mais dans les circonstances ordinaires, ils produisent les phénomènes de la fermentation putride, font couler les jeunes fleurs, et sont les perfides véhicules de ces germes microscopiques, dont les produits parasites infectent nos plus précieuses cultures. Les brouillards secs dessèchent tout ce qu'ils touchent et, comme les vents brisants, ils causent la mort des jeunes bourgeons et des parties tendres des plantes.

S'ils sont accompagnés par un froid vif, on peut observer tous les faits relatifs à la gelée proprement dite ; mais alors, la gelée procède de dehors en dedans en ce sens que l'épiderme est seul attaqué d'abord ; le reste vient ensuite, et l'on n'a plus aucun moyen de sauver la partie du végétal qui en es atteinte.

Si le froid est assez intense pour déterminer la congélation de la rosée ou du brouillard, s'il y a gelée blanche, il peut se présenter deux ordres de phénomènes ; ou le jour sera sombre, pluvieux même, ou les rayons d'un soleil ardent viendront frapper les plantes couvertes de brume condensée. Dans le premier cas, la liquéfaction, le dégel, si l'on veut, se fera d'une manière très lente ; l'épiderme ne sera pas désorganisé et, à plus forte raison, les parties intérieures, dont la chaleur normale est plus grande, ne seront pas altérées. Dans le second cas, au contraire, les rayons du soleil, frappant sur les gouttelettes liquides du brouillard ou de rosée, ou sur les globules de glace formés par leur condensation, agiront comme sur autant de miroirs ardents microscopiques. L'épiderme si tendre et les organes sous-épidermiques seront brûlés ; on les verra

noircir en peu d'instants, et la désorganisation at-
teindra une rapidité presque foudroyante.

On comprend la différence qui existe entre
la gelée proprement dite, l'action des vents, celle
des brouillards, de la rosée, de la gelée blanche, et
l'influence d'un temps sombre ou d'un soleil ardent; on se rend compte des effets variables que
doivent produire ces différentes causes isolées ou
combinées entr'elles, et il est presque inutile de
rien ajouter à ce qui précède. Il est bon, cependant, de faire observer que la vigne, plante sensible
à larges feuilles, à croissance rapide, dont les bourgeons et les feuilles ne sont pas préservés par un
enduit cireux abondant, se trouve plus exposée
que beaucoup d'autres plantes à ces actions diverses. Mais, de toutes celles qui viennent d'être men-
tionnées, la plus pernicieuse, sans contredit, consiste dans l'action des rayons solaires sur les surfa-
ces humides ou couvertes de gelée blanche. C'est
justement ce qui est arrivé en mai 1861, et, à cette
influence, s'est réunie celle du vent desséchant de
Nord-Est, ainsi que l'intensité des chaleurs du jour
après une fraîcheur remarquable de la nuit. Je vais,
du reste, compléter ces idées par quelques observations générales sur un ordre de faits peu étudiés
jusqu'aujourd'hui.

Des gelées tardives et des gelees apparentes. — Je viens d'exposer aussi rapidement que possible les circonstances que l'on observe le plus fréquemment dans l'action du froid sur les plantes, et je pense avoir été assez explicite pour ne donner lieu à aucune espèce de malentendu; il me reste à dire quelques mots sur les gelées dites tardives et sur ce que j'appelle les gelées apparentes, pour pouvoir passer à l'étude des moyens préservatifs à employer contre la gelée.

De la même manière qu'à l'automne on peut être surpris par l'arrivée subite des froids précoces, il peut arriver au printemps que la température reste longtemps basse et glaciale, ou même que des actions, des influences très diverses ramènent une température hivernale. Il n'est pas rare de voir un froid intense dans le cours du mois de mai et quelque fois même dans les premiers jours de juin.

Le commencement du printemps peut être relativement très chaud; on peut avoir une température très douce à la fin de février et dans le courant de mars, et voir survenir en avril et dans la première quinzaine de mai des froids assez considérables, des gelées tardives désastreuses. C'est à cet ordre de faits que se rattache le vieux proverbe des gens de culture : *quand Mars fait l'Avril, Avril fait le Mars !...*

Les causes de cette anomalie apparente sont faciles à saisir après ce que j'ai dit, et les effets nécessaires qui en dépendent sont tout aussi aisément appréciables. Qu'un échauffement partiel de la couche superficielle du sol produise pendant les nuits printanières un rayonnement considérable, qu'il y ait émission de vapeurs abondantes qui s'échappent dans l'atmosphère par suite de ce rayonnement lui-même, que la température moins élevée de l'air puisse déterminer la condensation de ces vapeurs, le refroidissement du sol, la gelée même, cela ne peut être douteux pour personne. L'air est beaucoup moins apte à s'échauffer que les corps solides; les causes refroidissantes agissent sur ce fluide avec plus d'énergie que sur la terre ou les plantes, dont les plans superficiels offrent une résistance notable, tandis que l'air est pénétrable, perméable à tous les agents du froid.

On conçoit donc facilement que des brouillards, des vents, etc., puissent abaisser beaucoup la température atmosphérique sans paraître avoir une grande influence immédiate sur le sol et sur les plantes; mais pourtant cette influence n'en est pas moins réelle. Plus l'air se refroidit, plus il absorbe les produits du rayonnement terrestre, plus le sol a de tendance à se mettre en équilibre de température avec le milieu atmosphérique, surtout pendant

la nuit, surtout encore si l'action des ténèbres est
exaltée par la présence de vapeur d'eau.

Il y a telles matinées de printemps, dont l'apparence triste et brumeuse rappelle le climat et le ciel
anglais, dont le froid pénétrant glace les êtres vivants, bien qu'elles aient été précédées par une suite
assez longue de belles journées. A des nuits froi-
des, suivies de matinées brumeuses, succèdent ordinairement des journées désagréables, pendant lesquelles les rayons solaires ne parviennent pas à
percer la couche des vapeurs terrestres ; c'est à peine
si l'on peut dire qu'il fait jour et ce n'est que pendant deux ou trois heures qu'on peut jouir d'une
chaleur douteuse, insuffisante pour ramener la
température à son niveau.

Si plusieurs jours se suivent ainsi, la faible chaleur que le sol a accumulée se dissipe, et, sous l'influence des vents régnants, sous l'action combinée
de la brume et du froid progressif, on arrive à une
température très basse, à la gelée blanche et à toutes ses conséquences. Il se passe absolument la
même série de phénomènes que l'on observe à l'approche des froids de l'arrière-saison, et il arrive
que l'on peut constater une différence de plusieurs
degrés dans la température moyenne de deux journées consécutives.

Ces gelées tardives sont fort redoutables en ce

sens que leurs ravages portent souvent sur les jeunes bourgeons, sur les fleurs dont elles provoquent le coulage, et qu'il est à peu près impossible d'y apporter un remède efficace. On doit s'estimer heureux lorsque ces froids tardifs sont secs, qu'ils ne sont pas accompagnés de rosée ou de brouillard, ce qui est malheureusement le cas le plus ordinaire. C'est qu'alors il suffit de deux heures de soleil pour produire les accidents que j'ai signalés et causer des pertes énormes à l'agriculture, tandis que le froid sec ne peut attaquer que les plantes très sensibles, à moins que l'abaissement de la température ne soit fort exagéré.

Je ne m'étendrai pas davantage sur cette idée, la plupart des faits relatifs aux gelées tardives coïncidant avec ceux que j'ai précédemment décrits.

Il peut également se faire que sous l'action d'un refroidissement atmosphérique donné, trop faible pour déterminer la gelée proprement dite ou même la gelée blanche, on voie périr les plantes dont les feuilles et les tiges noircissent, dont les fleurs sont emportées subitement et dont la végétation ultérieure se trouve fortement compromise. On doit rechercher la cause de la gelée apparente dans l'action des rayons solaires sur les gouttelettes de rosée, action que j'ai expliquée et que je regarde comme l'une des plus puissantes ennemies des végétaux.

Cette influence n'est pas la seule cependant, et l'on a vu des brouillards, chargés de miasmes délétères, causer la mort d'un grand nombre de plantes, et déterminer des accidents chez les animaux... Je sais bien que cette idée compte des antagonistes fort recommandables par leur science, mais je ne puis m'empêcher d'y attacher une certaine importance. Préjugés mis à part, il y a fort peu d'idées populaires sous lesquelles on ne puisse découvrir une raison, pour peu que l'on veuille bien et sérieusement la chercher. Or, on est bien près aujourd'hui, dans le monde scientifique, de revenir à plusieurs de ces idées, rejetées avec trop de dédain il y a quelques années. L'action nuisible des brouillards méphytiques est corroborée par les observations des micrographes, par les études analytiques de l'air et par la connaissance de quelques-uns de ces germes innombrables, de ces ferments septiques, qui sont emportés dans les vagues de l'atmosphère. On ne nie plus d'une manière aussi absolue l'influence de la lune sur les phénomènes météorologiques et l'on commence à comprendre que les antiques *dictons* pourraient bien ne pas être autant dénués de bon sens qu'on l'avait supposé.

Quoiqu'il en soit, si l'action des rayons solaires sur les gouttes de rosée ou de brouillard peut brûler les jeunes organes des végétaux et simuler la gelée, si même cet effet remarquable est beaucoup plus fréquent qu'on ne le pense généralement, il ne faut pas croire qu'il se borne aux plantes recouvertes d'humidité par suite du rayonnement et de l'évaporation nocturne. Les jeunes bourgeons gonflés de sève, à cambium très abondant, à croissance rapide, dont l'épiderme est peu résistant et dépourvu d'un enduit protecteur suffisant, sont souvent atteints par cette brûlure, sans qu'il ait trace de brouillard, de rosée, ou de brume. Les sucs intérieurs sont souvent sollicités à se faire issue au-dehors par une action analogue à celle qui produit la sueur chez les animaux ; il se produit un phénomène de transpiration qui enveloppe les bourgeons d'une atmosphère de vapeur, dont la condensation se fait sur l'épiderme, et l'on peut observer les mêmes effets que dans la rosée. C'est à ces diverses causes qu'il convient de rapporter la brûlure des plantes que l'on confond à tort avec la gelée tardive, et cela est d'autant plus vrai que si, d'une part, les plantes qui rayonnent le plus se couvrent de plus de rosée, de l'autre, celles qui ont une croissance plus rapide, rayonnent le plus et transpirent davantage.

Il est digne de remarque que, sous notre climat, la vigne est un des végétaux qui se couvrent le plus promptement de rosée pendant la nuit, ce qui tient à son grand pouvoir rayonnant.

Moyens préventifs contre la gelée —

Après ce que je viens de dire sur les causes de la gelée, il est facile de déduire rationnellement les moyens à employer pour se préserver de ses ravages, autant, bien entendu, qu'il est donné à l'homme de le faire. Je vais indiquer ces principaux moyens, en m'arrêtant surtout à ceux dont l'*utilité pratique* n'est pas contestable ; mais auparavant je dois bien établir la question, afin de ne fournir à l'apathie ou à l'insouciance aucune fin de non-recevoir, aucun prétexte spécieux pour demeurer dans le statu-quo.

J'ai dit que les causes de la gelée sont toutes celles qui refroidissent l'atmosphère en interceptant ou affaiblissant l'action des rayons solaires... Parmi ces causes, les vents, les nuages, les pluies, la nature du sol, les cours d'eau, les eaux souterraines ou stagnantes, les brouillards et les rosées, les effets du rayonnement méritent une attention particulière. Il y a évidemment plusieurs de ces causes contre lesquelles on ne peut rien, mais la plupart d'entre elles peuvent être atténuées dans leurs effets.

On a conseillé des moyens illusoires sur lesquels il ne convient pas même de s'arrêter pour préserver les hommes et les animaux de maladies nombreuses dont la cause était inconnue ; ces moyens ne pouvaient évidemment mériter aucune créance. Ici, nous sommes dans de meilleures conditions ;

nous savons à quel ennemi nous avons affaire, nous apprécions les causes qui frappent ou peuvent frapper la vigne ; rien ne s'oppose à ce que nous luttions efficacement contre les effets de ces causes, dès qu'elles sont connues.

Nous ne pouvons rien directement contre le rayonnement, contre l'action des ténèbres, contre la gelée proprement dite ; cela tombe sous le sens... Mais n'avons nous pas des moyens de modifier l'influence du sol ? Ne pouvons nous faire disparaître les eaux souterraines, qui sont une des plus grandes sources du froid ? Ne pouvons nous pas opposer des obstacles aux vents brisants ? N'y a-t-il pas quelque moyen de modifier avantageusement l'action du rayonnement ?

Et d'abord, peut-on prévenir les gelées tardives ? Si l'on peut prévoir, doit-on reculer devant quelques précautions salutaires, sous le prétexte inavouable qu'elles sont pénibles et laborieuses, qu'elles ne sont pas dans les habitudes ?

Voilà la question importante posée et je vais y répondre, comme à celles qui en dérivent nécessairement.

Oui, certes ; on peut prévoir les gelées tardives !.. Toutes les fois, en effet, que l'on verra un printemps précoce, relativement chaud, les mois de Mars et d'Avril secs, lorsque la végétation se sera montrée

rapide et brillante sous l'influence de ces causes,
après un hiver peu rigoureux et lorsque les froids
de la mauvaise saison n'auront pas eu de continuité,
après surtout une période pluvieuse, on pourra pro-
nostiquer, à peu près à coup sûr, des gelées tardives, réelles ou apparentes. C'est dans de semblables
conditions, en effet, que les nuits printanières se
font remarquer par des rosées abondantes, par un
refroidissement considérable de la température, et
que tous les effets du rayonnement sont à redouter.

On devra se méfier d'autant plus que les nuits
fraîches seront suivies de journées ardentes, *à coups
de soleil,* que la différence thermométrique sera
plus grande entre le moment qui précède le lever
du soleil et deux heures après-midi, que les
vents régnants seront du Nord ou de l'Est, qu'ils
seront plus constants et que leur action prendra une
certaine tendance à la régularité.

Au surplus, tant de gens de culture prévoient
avec exactitude ces modifications de la température,
guidés qu'ils sont par l'expérience seule, qu'il devient superflu de s'arrêter à la possibilité de la prévision, et je pourrais citer nombre d'exemples pour
justifier ce que je viens d'avancer. Bien des vignerons m'ont dit à moi-même, à la fin d'Avril, qu'ils
s'attendaient à la gelée, et plusieurs ont spéculé sur

la hausse qui devait se produire dans les cours des vins, à raison de cette circonstance.

Si l'on peut prévoir, doit-on prévénir?.·. Je ne crois pas aux doctrines fatalistes, je ne sais pas me courber devant un mal que je puis éviter et je n'entreprendrai pas de démontrer une conviction que tout le monde partage. Je veux seulement dire à ce propos que plusieurs reculent devant l'idée des mesures de précaution à prendre, par ignorance de ce qu'il convient de faire ; les autres cèdent à la paresse ou à l'apathie, et, somme toute, personne ne fait rien. J'ai déjà vu beaucoup de choses, mais je n'ai jamais rencontré autant de difficulté à obtenir du travail, du labeur, que dans les pays méridionaux. La température moyenne ne justifie cependant pas autant d'indolence et les propriétaires, les chefs d'exploitation, qui donnent à travailler, conviennent tous que si le travail réel est rare, les exigences des ouvriers sont devenues intolérables. Etre payé cher, ne pas faire grand chose et le faire à son gré, tel paraît être le programme. On trouve que ce serait trop de mal d'ébourgeonner la vigne ; on ajoute que ce n'est pas l'habitude ; mais on devrait dire que, si l'on se refuse à ébourgeonner, c'est par paresse d'abord, et ensuite parce que *les sarments sont partagés à moitié.*

Déplorable système que celui de la culture partiaire et qui semble avoir pour but la ruine du sol aussi bien que celle du propriétaire et du colon lui-même! On ne le rencontre plus que dans les pays arriérés en matière agricole, et il est opposé à toute idée de progrès. Le travail doit être loyalement rémunéré, mais il doit être réel, effectif, et celui qui le fait faire doit toujours en conserver la direction. Pour cela, il faut qu'il sache beaucoup et surtout qu'il sache vouloir.

Or, que doit-on faire pour prévenir les gelées tardives ?..

Dans tous les sols dont la couche inférieure est imperméable, il faut commencer par un *bon assainissement du sous-sol.* Cet assainissement ne doit pas se faire par le drainage ; les petits tuyaux, tant préconisés, sont une invention fort coûteuse et peu profitable ; il convient de le remplacer par des tranchées profondes, dépassant la couche imperméable, garnies de cailloutis, puis recouvertes de terre. Cet assainissement par fossés couverts est le plus simple, le meilleur et le plus économique ; c'est celui des Romains et des Arabes, qui s'entendaient en agriculture, et il vaut bien les tuyaux brevetés de toute forme.

On ne doit jamais planter une vigne, sans avoir rendu le sous-sol perméable, afin d'éviter les causes de refroidissement dues à la présence des eaux souterraines.

La vigne doit être tenue haute; elle ne doit pas avoir moins d'un mètre de souche au-dessous des pousses, afin que les vapeurs terrestres; les brouillards, les rosées s'y attachent moins facilement. Cette disposition donne un libre passage à l'air dont la circulation enlève les vapeurs inférieures; elle favorise les soins de culture, hâte la maturité, tout en retardant un peu l'éclosion des premiers bourgeons et elle est conseillée par l'expérience. La plupart des vignes hautes ont, en effet, été épargnées par le fléau.

Les effets du rayonnement sont atténués par un artifice très simple, que recommande l'observation des faits naturels. *On sème* entre les rangs de vignes, *des plantes à feuilles aigues,* telles que du froment, des graminées de diverses sortes, parce que ces plantes étant douées d'un grand pouvoir rayonnant, elles s'emparent au passage des vapeurs terrestres et en préservent la vigne. Le haricot, la pomme de terre, la tomate et quelques végétaux analogues rendront d'utiles services dans le même sens, parce qu'ils sont doués d'une force rayonnante proprotionnelle à leur croissance rapide, et que la nature de leur feuillage le rend très absorbant.

On retardera la végétation de la vigne par tous les moyens possibles, mais principalement par un bon *déchaussement,* pratiqué avant l'éclosion du bouton. Ce déchaussement peut tenir lieu de la façon de printemps, et, pour être afficace, il doit mettre à nu les racines superficielles. On comprend que le retard apporté à la végétation peut suffire à préserver la vigne des dernières gelées, et le déchaussement sera suivi d'un buttage avant la fleur.

Dans tous les cas, *la façon du printemps sera retardée,* car les graminées naturelles et les plantes qui poussent au pied de la vigne la protégent contre les émanations du sol: il n'y a pas le moindre inconvénient à reculer cette façon jusques vers la fin mai, avant la floraison.

Partout où la chose sera possible et peu coûteuse, *on répandra sur le sol, autour des pieds de vigne, des substances poreuses et absorbantes,* telles que la marne calcaire, les débris de brique pilée, la poussière de charbon, la cendre épuisée, des feuilles, du varech desséché, de la paille hachée, etc. Ce moyen est malheureusement peu praticable en grand et je ne l'indique que pour mémoire.

On abritera les vignes contre le Nord et l'Est, quelque fois même *contre l'Ouest.* Cette dernière exposition est souvent mauvaise, surtout dans les pays qui avoisinent l'Océan, car tout le monde connaît les effets désastreux des vents de mer.

Voici comment je comprends ces abris.

Autour de la vigne, on établit un fossé et, en

dedans, une sorte de talus avec la terre qui en est extraite. Ce talus, que l'on nomme *précincte* dans la palus, doit être planté avec soin d'une haie élevée sur les côtés ; le Midi seul reste libre. Une haie ou une plantation le remplace partout où il n'est pas possible d'agir ainsi. On dispose ensuite, dans la vigne même, des rangées longitudinales de pêchers ou d'autres arbres à fruit, susceptibles d'être disposés en éventail et de couper les vents brisants. La direction de ces rangées èst du Nord au Sud, et il doit y en avoir une après six ou huit rangs de vigne, qu'elle suffit à protéger. On ne doit jamais craindre de multiplier ces abris, dont le produit couvre bientôt la dépense.

Les meilleurs végétaux pour former les grands abris sont le mûrier, l'acacia, l'orme, le chêne, les arbres à aiguilles, l'érable à sucre, le negundo et le frène. Pour les haies, le groseiller à maquereau, le genévrier, les myrtilles, l'épine-vinette, sont très profitables. Les rangées brise-vents intérieures se feront avec le pêcher, le figuier, quelques arbres fruitiers à demi-tige, que l'on disposera toujours en éventail.

Si, malgré ces précautions, la vigne venait à être couverte de gelée blanche et que l'on eût à redouter les effets du soleil, il ne faudrait pas hésiter à faire arroser la vigne avec de l'eau ordinaire, sous forme d'aspersion. Ce moyen est praticable pour les espaces restreints et il produit un *dégel lent*, qui n'a pas d'effet nuisible sur les plantes. Dans les grands espaces, il ne serait plus possible, et il est plus simple de multiplier les grands abris contre l'exposition du levant.

Inutilité de la taille. — Malgré les discussions et à cause d'elles peut-être, il ne me semble pas inutile de compléter cette leçon par l'exposé de ce qu'il y a à faire dans le cas où une gelée tardive, réelle ou apparente, vient frapper la vigne. J'avoue franchement ici que, dans l'expression de mon opinion, je n'entends nullement faire le procès aux idées d'autrui ; je veux dire ce qui me paraît vrai pratiquement et théoriquement, mais je ne prétends point qu'il n'y ait quelques circonstances où l'on ne puisse agir autrement.

Il est certain pour moi que, si la taille est anti-rationnelle en thèse générale, il y a des cépages qui semblent donner en partie raison à ses adeptes. J'ai vu des pieds voisins, de cépage différents, soumis à la taille... l'un a porté des raisins de second produit, tandis que l'autre a subi toutes les conséquences mauvaises de la taille, conséquences que je vais passer en revue, et sur lesquelles j'appelle l'attention la plus scrupuleuse. Je suis convaincu cependant que le cépage qui a donné des *mannes* secondaires se serait beaucoup mieux trouvé de l'abstention absolue, et cette affirmation m'est démoutrée par l'expérience.

Je regarde donc la taille comme une opération inutile et dangereuse, soit qu'on la fasse sur le vieux bois, ou sur la pousse de l'année, après une gelée ; je dis que, dans aucun cas, il ne faut tailler, que tout ce qu'il y a à faire par les gens de saine pratique consiste à ébourgeonner avec soin quelques semaines après l'accident ; j'agoute que c'est là le seul moyen efficace de garder du bois pour la *taille en sec* de l'année suivante, et peut-être pour donner du fruit dans l'année courante.

Cet ébourgeonnement doit consister dans la suppression à la main, par voie d'arrachage, de tous les gourmands et des pousses inutiles, dans le pincement des extrémités à cinquante ou soixante centimètres sur les pousses conservées, dans la suppression successive de tous les gourmands axillaires, quand on est sûr qu'ils ne produiront plus de raisins, ou que ces fruits seraient trop tardifs.

Ainsi, pour le cas de gelée tardive, réelle ou apparente, aussi bien que pour le cas de grêle, voici les règles à suivre :

1º *Ne pas toucher à la vigne jusqu'à ce que la portion atteinte soit desséchée,*

2º *A cette époque, enlever avec le sécateur la*

partie flétrie et desséchée, à un demi-centimètre de la portion restée vivante.

3° Extirper tous les gourmands.

4° Enlever toutes les pousses axillaires non fructifères.

5° Pincer l'extrémité des pousses non atteintes, de manière à leur laisser cinquante ou soixante centimètres, un mètre de longueur au plus.

6° Renouveler l'ébourgeonnement des gourmands axillaires toutes les fois qu'ils reparaissent.

7° Jamais de taille, soit sur le vieux bois, soit sur les jeunes pousses, après une gelée ou une grêle.

Comme on le voit, cette méthode se rapproche des idées de la Société d'Agriculture de Bordeaux, de celles de M. Estienne, et l'ébourgeonnement, si bien conseillé par M. Georges, en fait la partie principale. Il s'agit maintenant d'en développer les *raisons théoriques* et les *motifs pratiques,* afin de bien faire saisir pourquoi je dis que *la taille est inutile* et pourquoi même *elle est presque toujours dangereuse.*

Lorsqu'une pousse a été atteinte par la gelée, ou que, étant humide, couverte de rosée, de brouillard, ou de gelée blanche, elle a été *brûlée* par les rayons

du soleil, l'effet produit est le même et j'en ai indiqué les phases. La portion gelée ou brûlée noircit
à l'extérieur, elle se dessèche graduellement et les
faisceaux vasculaires, protégés contre le contact de
l'air et les agents extérieurs par la portion mortifiée
elle-même, s'oblitèrent, se referment, sans qu'aucun élément de désorganisation se soit introduit
dans l'économie végétale.

Peut-il en être de même lorsque l'on taille la
pousse mortifiée ?

Il est de la nature même de la vigne qu'à l'aisselle
de chaque feuille il se trouve un bouton, lequel offre la plus grande tendance à se développer et à
produire une pousse. Cette tendance est d'autant
plus grande que l'on s'éloigne davantage de la tige,
et la disposition de la vigne à tapisser en éventail
les endroits qu'elle recouvre dépend précisément
de cette circonstance. Or, en ne taillant pas, les
boutons supérieurs se développent de préférence
et donnent des branches gourmandes ou fructifères,
tandis que les yeux inférieurs grossissent lentement,
prennent de la force et constituent la réserve pour
la taille de l'année suivante.

Cette réserve est d'autant plus avantageuse que
l'on a autant de chances de voir quelques raisins se
développer aux nouvelle pousses, aux plus inférieures, et que, dans tous les cas, il vaudrait mille fois

mieux ne pas avoir de raisins avortés que de sacri-
fier sa vigne pour deux ou trois ans.

Or, par la taille, la taille à deux yeux, par exemple, les deux yeux sortent en gourmands ; il ne donnent du fruit que sur certains cépages et d'une
manière très irrégulière ; un nouveau bouton se
présente à l'aisselle du gourmand, et cet œil secon-
daire, privé de sa nourriture par la branche adven-
tice, ne peut donner, pour l'année suivante, qu'un
filet très chétif, un misérable pampre improductif.
Cela tient à ce que l'on fait développer préma-
turément des bourgeons destinés à ne sortir qu'un
an plus tard... La vigne, déjà fatiguée par le travail
de l'année courante, s'épuise en pure perte, car les
pousses secondaires, produites par les deux yeux
inférieurs nés dans la même année, ne peuvent
donner de fruit que dans des circonstances excep-
tionnelles.

Toutes les vignes, auxquelles on a appliqué la
taille à un œil ou à deux yeux sur la pousse de l'année, ne me donnent que trop raison en pratique, et
la saine théorie me fournit l'explication de ce fait.
En effet, si l'on veut se rendre compte que le fruit,
avec ses enveloppes, n'est autre chose qu'une branche transformée, on comprendra que, dans la situation où se trouve la vigne, après la gelée, *son premier besoin est de faire des feuilles.* Les verticilles

floraux, renfermés à l'état *rudimentaire* dans le bouton, ont autant de tendance à fournir des feuilles que des fleurs, et ils obéissent à la loi de la conservation. Aussi, mises à part les vignes dont l'expansion foliacée est très grande, les branches qui proviennent de ces yeux ne donnent-t-elles que des feuilles, et le nouveau bouton axillaire qui sort à la naissance de ces branches, le contre-bourgeon ne peut plus prendre de forces, la sève étant employée au profit des gourmands.

On sent que ces raisons sont encore plus applicables à la taille sur la couronne, c'est-à-dire, sur le collet qui relie la pousse à la vieille branche. Cette couronne est presque entièrement formée de bourgeons à l'état latent, mais l'observation pratique démontre qu'il en sort très rarement des pousses fructifères, et les filets étiolés qui en jaillissent doivent être regardés comme de véritables parasites.

J'admets volontiers que la taille sur la pousse verte de l'année ne donnera pas lieu à une grande déperdition de sève, car la coupe sera immédiatement cautérisée par le soleil dans le plus grand nombre des cas : mais, pourtant, il ne faut pas perdre de vue qu'après cette taille la portion placée immédiatement au-dessous est destinée à périr. Quant à la taille sur vieux bois, elle me paraît de tous points la plus détestable invention qui puisse

se produire. Sans tenir compte de l'épuisement que
la souche a déjà dû éprouver par la production des
pampres qui ont été détruits, on doit comprendre
qu'il n'est pas possible d'éviter une grande perte de
sève, car l'ouverture des vaisseaux ne se cautérisera
pas, comme cela arrive pour les jeunes pousses.
J'ai vu la terre mouillée, arrosée littéralement, au
pied des vignes soumises à cette barbarie inutile.
Je dis inutile, parce qu'il est d'observation que la
taille du vieux bois, faite dans ces conditions, ne
peut produire que des pousses maigres et chétives,
aussi impropres à donner du fruit qu'à préparer
une bonne taille en sec.

Ce que je viens d'exposer sur les inconvénients
de la taille est la règle générale ; les faits contraires,
allégués par les partisans de cette opération, ne
sont qu'exceptionnels, et je ne crois pas qu'un
homme sérieux puisse se confier à l'exception, à
moins qu'il ne trouve une compensation de théorie
à une perte trop réelle.

Résumé pratique. — Afin de tirer fruit et
avantage des idées principales émises dans cette leçon, il me semble utile de les grouper et de les
réunir ici sous la forme aphoristique, la plus com-
mode pour la mémoire, et la plus simple pour
l'examen de l'intelligence.

« La vigne n'a pas été *gelée*, mais *brûlée*, le 6 mai 1861.

» Les effets du froid sont les mêmes que ceux de la brûlure sur les corps vivants.

» Les vapeurs terrestres condensées en rosée par l'atmosphère, ont été le phénomène principal de la catastrophe qui a frappé la vigne.

» Ces vapeurs condensées en rosée ou en glace, ne peuvent détruire le bourgeon que sous un froid considérable, sous l'action d'un vent desséchant, ou celle des rayons solaires.

» La vigne a d'autant plus souffert qu'elle était plus basse, moins abritée contre l'Est, que la terre avait été façonnée depuis moins de temps et que les herbes y étaient moins abondantes.

» Les rayons solaires ont produit un effet de *miroir ardent* sur les gouttelettes d'eau ou de glace attachées aux pousses.

» La question primitivement posée était destinée à apprendre si l'on devait tailler la vigne frappée et si la perte de la séve ne pourrait pas avoir de fâcheux résultats,

» Les diverses réponses à cette question ont été contradictoires et se sont réduites à deux idées principales : tailler quand même ou s'abstenir. Quelques personnes ont joint à cela le conseil de l'ébourgeonnement répété...

» La gelée consiste dans l'abaissement de la température au point de la congélation de l'eau, soit à 0° du thermomètre centigrade ; elle est différente du froid, qui [ne peut être éprouvé que par une soustraction de calorique, mais qui peut très bien se produire sans qu'il gèle.

» L'eau augmente de volume de 4°, 1 à 0° et de 4°, 1 à 100°.

» Les causes du froid et de la gelée sont toutes celles qui abaissent la température de l'air, en interceptant ou affaiblissant l'action des rayons solaires.

» Les principales de ces causes sont les ténèbres, les vents, les nuages, la pluie, l'obliquité des rayons du soleil, la nature particulière du sol et du sous-sol, la présence des eaux courantes ou stagnantes, etc, etc.

» Les terrains qui absorbent le plus de chaleur produisent aussi le plus de froid par suite du rayonnement nocturne.

» L'air s'échauffe moins vite que les corps solides.

» La gelée blanche peut se produire avant la gelée, soit entre 1° et 2° de température.

» Les corps se refroidissent proportionnellement à leur faculté de rayonnement et à la température de leur milieu.

» Les engelures donnent une idée nette des phénomènes que le froid produit sur les corps vivants, mais la vie lutte, dans les animaux et les plantes, contre les causes de destruction, et la température intérieure ne s'abaisse que difficilement au niveau de la température extérieure.

» La vigne est une liane, dont les jeunes pousses sont formées d'un tissu rudimentaire, qui reste un certain temps à l'état mucilagineux et n'offre pas de résistance matérielle contre les causes de destruction... Elle n'est pas pourvue d'un enduit protecteur assez abondant pour résister aux intempéries et ses jeunes branches, son écorce et ses feuilles n'offrent au début que fort peu d'adhérence. Elle appartient au groupe des plantes sensibles.

» L'équilibre est la loi générale; mais la température intérieure d'un corps vivant étant supérieure à celle de son milieu, il n'y aura refroidissement et équilibre que si le milieu se refroidit lui-même assez pour amener la congélation des liquides intérieurs.

» Dans ce cas, et à 1º ou 2º au-dessous de 0º, il y a gelée; à 0º seulement, il n'y a qu'un simple arrêt de la végétation.

» Les alternatives de froid et de chaud agissent mécaniquement par contraction et dilatation successives, qui déterminent la rupture des vaisseaux et la mortification des tissus comme la gelée.

» Le vent d'Est, vent desséchant et brisant par

excellence, est celui dont l'action est la plus pernicieuse ; cette action n'est pas due au refroidissement
qu'elle produit, mais bien à sa force desséchante.

» Le brouillard et la rosée n'ont pas d'action,
s'ils sont suivis d'une journée sombre, à moins
qu'ils ne soient accompagnés d'un froid très vif ; il
en est de même de la gelée blanche, mais les
rayons solaires produisent la désorganisation sur
les parties couvertes de rosée ou de gelée blanche ;
c'est ce qui arrive à la vigne et à plusieurs autres
plantes, et c'est ce phénomène qui doit être compris
sous le nom de gelée apparente.

» Dès là qu'on peut prévoir les gelées secondaires
il importe de les prévenir, à l'égard de la vigne, par
les moyens qui sont directement opposés aux causes
de refroidissement et dont les plus pratiques sont
les suivants :

1º Assainissement du sous-sol par des tranchées
couvertes ;

2º Elévation de la vigne au-dessus du sol ;

3º Semis de graminées et de plantes rayonnantes ;

4º Retard de la végétation par un bon déchaussement ;

5º Retard de la façon de printemps jusqu'à la fin
de Mai ;

6º Emploi des absorbants ;

7º Abris contre le Nord, l'Est et l'Ouest, par des

talus plantés, des haies ou des plantations à haute
tige;

8° Usage des rangées brise-vents intérieures contre l'exposition de l'Est et dirigées du Nord au Sud ;

» Dans le cas de gelée blanche, dans les petits espaces, arrosage à l'eau, avant le lever du soleil.

» La taille en vert ou en sec, après la gelée ou
la grêle, est inutile et dangereuse ; on doit se bor-
ner à un pincement et à des ébourgeonnements
répétés, qui garantissent l'avenir de la vigne sans
compromettre le présent... »

Tel est l'ensemble des notions, les plus simples
et les plus vraies en théorie et en pratique, relatives
à la gelée printanière des végétaux et principalement de la vigne ; l'importance et l'actualité de cet
objet m'ont engagé à le traiter en premier lieu, avant
d'aborder l'étude du parasitisme, à laquelle je consacrerai les leçons suivantes. L'oïdium est aujour-
d'hui regardé comme le fléau de nos vignobles, et
ce n'est pas perdre son temps que de chercher à le
faire connaître d'une manière rigoureuse, afin de
déterminer ce qu'il y a de vrai et de faux dans ce
que l'on a dit ou écrit sur ce terrible cryptogame.